国家出版基金项目
NATIONAL PUBLICATION FOUNDATION

China Transformation to Green Economy
A Civil Society Perspective

绿色转型之路

来自民间社会的视角

孙姗 主编

赵昂 副主编

自然生态保护

北京大学出版社
PEKING UNIVERSITY PRESS

图书在版编目(CIP)数据

绿色转型之路：来自民间社会的视角/孙姗主编. —北京：北京大学出版社，
2014.5

(自然生态保护)

ISBN 978-7-301-24188-2

Ⅰ.①绿…　Ⅱ.①孙…　Ⅲ.①环境保护－研究－中国　Ⅳ.①X－12

中国版本图书馆 CIP 数据核字(2014)第 086713 号

书　　　名：**绿色转型之路——来自民间社会的视角**

著作责任者：孙　姗　主编　赵　昂　副主编

责 任 编 辑：黄　炜

标 准 书 号：ISBN 978-7-301-24188-2/X · 0066

出 版 发 行：北京大学出版社

地　　　址：北京市海淀区成府路 205 号　　100871

网　　　址：http://www.pup.cn　　新浪官方微博:@北京大学出版社

电 子 信 箱：zpup@pup.cn

电　　　话：邮购部 62752015　发行部 62750672　编辑部 62752038　出版部 62754962

印　　刷　者：北京宏伟双华印刷有限公司

经　　销　者：新华书店

　　　　　　　650 毫米×980 毫米　16 开本　14.25 印张　258 千字

　　　　　　　2014 年 5 月第 1 版　2014 年 5 月第 1 次印刷

定　　　价：35.00 元

序一

在人类文明的历史长河中,人类与自然在相当长的时期内一直保持着和谐相处的关系,懂得有节制地从自然界获取资源,"竭泽而渔,岂不获得?而明年无鱼;焚薮而田,岂不获得?而明年无兽。"说的也是这个道理。但自工业文明以来,随着科学技术的发展,人类在满足自己无节制的需要的同时,对自然的影响也越来越大,副作用亦日益明显:热带雨林大量消失,生物多样性锐减,臭氧层遭到破坏,极端恶劣天气开始频繁出现……印度圣雄甘地曾说过,"地球所提供的足以满足每个人的需要,但不足以填满每个人的欲望"。在这个人类已生存数百万年的地球上,人类还能生存多长时间,很大程度上取决于人类自身的行为。人类只有一个地球,与自然的和谐相处是人类能够在地球上持续繁衍下去的唯一途径。

在我国近几十年的现代化建设进程中,国力得到了增强,社会财富得到大量的积累,人民的生活水平得到了极大的提高,但同时也出现了严重的生态问题,水土流失严重、土地荒漠化、草场退化、森林减少、水资源短缺、生物多样性减少、环境污染已成为影响健康和生活的重要因素等等。要让我国现代化建设走上可持续发展之路,必须建立现代意义上的自然观,建立人与自然和谐相处、协调发展的生态关系。党和政府已充分意识到这一点,在党的十七大上,第一次将生态文明建设作为一项战略任务明确地提了出来;在党的十八大报告中,首次对生态文明进行单篇论述,提出建设生态文明,是关系人民福祉、关乎民族未来的长远大计。必须树立尊重自然、顺应自然、保护自然的生态文明理念,把生态文明建设放在突出地位,以实现中华民族的永续发展。

国家出版基金支持的"自然生态保护"出版项目也顺应了这一时代潮流,充分体现了科学界和出版界高度的社会责任感和使命感。他们通过自己的努力献给广大读者这样一套优秀的科学作品,介绍了大量生态保护的成果和经验,展现了科学工作者常年在野外艰苦努力,与国内外各行业专家联合,在保护我国环境和生物多样性方面所做的大量卓有成效的工作。当这套饱含他们辛勤劳动成果的丛书即将面世之际,非常高兴能为此丛书作序,期望以这套丛书为起始,能引导社会各界更加关心环境问题,关心生物多样性的保护,关心生态文明的建设,也期望能有更多的生态保护的成果问世,并通过大家共同的努力,"给子孙后代留下天蓝、地绿、水净的美好家园。"

许智宏

2013 年 8 月于燕园

序二

　　1985 年，因为一个偶然的机遇，我加入了自然保护的行列，和我的研究生导师潘文石老师一起到秦岭南坡（当时为长青林业局的辖区）进行熊猫自然历史的研究，探讨从历史到现在，秦岭的人类活动与大熊猫的生存之间的关系，以及人与熊猫共存的可能。在之后的 30 多年间，我国的社会和经济经历了突飞猛进的变化，其中最令人瞩目的是经济的持续高速增长和人民生活水平的迅速提高，中国已经成为世界第二大经济实体。然而，发展令自然和我们生存的环境付出了惨重的代价：空气、水、土壤遭受污染，野生生物因家园丧失而绝灭。对此，我亦有亲身的经历：进入 90 年代以后，木材市场的开放令采伐进入了无序状态，长青林区成片的森林被剃了光头，林下的竹林也被一并砍除，熊猫的生存环境遭到极度破坏。作为和熊猫共同生活了多年的研究者，我们无法对此视而不见。潘老师和研究团队四处呼吁，最终得到了国家领导人和政府部门的支持。长青的采伐停止了，林业局经过转产，于 1994 年建立了长青自然保护区，熊猫得到了保护。

　　然而，拯救大熊猫，留住正在消失的自然，不可能都用这样的方式，我们必须要有更加系统的解决方案。令人欣慰的是，在过去的 30 年中，公众和政府环境问题的意识日益增强，关乎自然保护的研究、实践、政策和投资都在逐年增加，越来越多的对自然充满热忱、志同道合的人们陆续加入到保护的队伍中来，国内外的专家、学者和行动者开始协作，致力于中国的生物多样性的保护。

　　我们的工作也从保护单一物种熊猫扩展到了保护雪豹、西藏棕熊、普氏原羚，以及西南山地和青藏高原的生态系统，从生态学研究，扩展到了科学与社会经济以及文化传统的交叉，及至对实践和有效保护模式的探索。而在长青，昔日的采伐迹地如今已经变得郁郁葱葱，山林恢复了生机，熊猫、朱鹮、金丝猴和羚牛自由徜徉，那里又变成了野性的天堂。

然而，局部的改善并没有扭转人类发展与自然保护之间的根本冲突。华南虎、白暨豚已经趋于灭绝；长江淡水生态系统、内蒙古草原、青藏高原冰川……一个又一个生态系统告急，生态危机直接威胁到了人们生存的安全，生存还是毁灭？已不是妄言。

人类需要正视我们自己的行为后果，并且拿出有效的保护方案和行动，这不仅需要科学研究作为依据，而且需要在地的实践来验证。要做到这一点，不仅需要多学科学者的合作，以及科学家和实践者、政府与民间的共同努力，也需要借鉴其他国家的得失，这对后发展的中国尤为重要。我们急需成功而有效的保护经验。

这套"自然生态保护"系列图书就是基于这样的需求出炉的。在这套书中，我们邀请了身边在一线工作的研究者和实践者们展示过去 30 多年间各自在自然保护领域中值得介绍的实践案例和研究工作，从中窥见我国自然保护的成就和存在的问题，以供热爱自然和从事保护自然的各界人士借鉴。这套图书不仅得到国家出版基金的鼎力支持，而且还是"十二五"国家重点图书出版规划项目——"山水自然丛书"的重要组成部分。我们希望这套书所讲述的实例能反映出我们这些年所做出的努力，也希望它能激发更多人对自然保护的兴趣，鼓励他们投入到保护的事业中来。

我们仍然在探索的道路上行进。自然保护不仅仅是几个科学家和保护从业者的责任，保护目标的实现要靠全社会的努力参与，从最草根的乡村到城市青年和科技工作者，从社会精英阶层到拥有决策权的人，我们每个人的生存都须臾不可离开自然的给予，因而保护也就成为每个人的义务。

留住美好自然，让我们一起努力！

吕植

2013 年 8 月

前言

　　本书的缘起于 2012 年,中国的民间机构参与地球峰会——"里约 + 20 峰会",并组织"绿色中国,竞跑未来"系列活动①。这是自 1992 年里约峰会后,中国民间机构第一次独立组织参与这十年一次的"地球峰会"。

　　其时,与会的六家②关注环境和可持续发展的中国民间机构,决定合作撰写《中国可持续发展回顾和思考 1992—2011:民间社会的视角》报告,从民间视角回顾中国 20 年可持续发展进程。此报告在里约大会上以中英文发布,作为唯一的中国民间视角的综合报告,受到关注。

　　被誉为联合国历史上最重要的会议之一的里约 + 20 峰会,虽然吸引了来自超过 100 个国家的首脑和 5 万名各领域的代表参与,但是其成果却令人失望。49 页的《协议》并没有给出如峰会口号所说的"我们期望的未来"。人类社会走向可持续发展的道路依然遥远而艰难。峰会上以联合国环境署等机构力主的"绿色经济"框架,虽然令人钦佩与向往,但是在现实中仍须实证和扩展。

　　2013 年,经与北大出版社商议,为了让国内更多的读者了解中国可持续发展的状况,决定把报告重新整理,立意"绿色经济",并由项目组的赵昂组织作者将选出的文章进行完善和补充。

　　发起此民间报告的初衷,是为了记录在中国可持续发展的领域内,以民间的行动者和行动型研究者的角度,所看到的进展、努力、积攒的经验以及面临的瓶颈。每个章节都引述了该领域 20 年来的大事记。而作者从民间和参与实践的角度,采访了近百位从民间推动可持续发展和绿色经济的行动者,报告的视角相对真实、独

---

　　①　详见 rio20china. org

　　②　山水自然保护中心、自然之友、道和环境与发展研究所、创绿中心、中国国际民间组织合作促进会以及公众环境研究中心。

立和多元。

需要指出的是,报告所述的 20 年,也是中国民间组织起步与发展的 20 年。20 年前的里约峰会,没有真正意义上的中国民间机构参会。里约 + 20 峰会上,不仅有民间机构,且联合企业、青年组织和基金会,共 80 余人,组织了"绿色中国,竞跑未来"的系列活动。这些合作的过程,信任的构建,以及在全球视野下看待中国的可持续发展与绿色经济的尝试,都是珍贵的经验和种子。

中国的经济发展模式对自然环境带来的压力和影响在世界经济发展史上可谓空前绝后。进入 21 世纪的第二个 10 年,日益严重的环境污染也迫使中国政府对持续了 30 年的增长模式进行反思和调整。在国际社会倡导"绿色经济"①的大背景下,中国的决策者和其他社会利益群体也开始讨论、尝试实践这一发展模式。在关于中国绿色经济转型的讨论中,来自社会第三部门——公民社会组织的声音非常重要,因为它提供了一种相对独立、较少被既有利益格局纠缠和拖累的视角和诉求。然而公民社会在绿色经济转型上的思考其实被舆论关注较少,本书希望改变这种状况。全书十八篇文章表达了公民社会在绿色经济转型方面的认知和建议,旨在推动全社会在如何实现中国经济绿色转型上的理性讨论和实践探索。

障碍和机会常常是人们在分析经济发展模式转变的可能性时采用的视角。两者究竟哪个是主要问题,或者说哪个方面更被作者关注和阐释,受到所讨论议题目前发展状况的影响,特别是与历史相比较,现状有多大的改变,是前进,还是后退等。当然,作者对于实现转型的前景所持态度也会影响文章的侧重点。而这恰恰体现出文章的个性,即每个作者基于对经济发展模式的反思和相关实际工作经验的积累对绿色转型实现的认识不尽相同。我们也期待这样较为丰富的表达能使读者在阅读和思考中体会到立体的共鸣。

下面就来简要介绍本书的内容。

涉及理念和制度设计的发展范式的转变是真正实现绿色经济不可或缺的条件,但旧的发展范式被以可持续发展为目标的新的发展范式替代显然需要一个长期的过程,在中国当下复杂的发展情景下,本书的总论《旧的发展范式下的绿色经济》认为旧的范式一方面具备潜力来推动绿色经济,另一方面也限制和阻碍新的范式的出现和形成。总论作者基于一种务实的态度表达了对于中国在现阶段推进绿色经济所面临的复杂性的观察,同时也提出一个大胆的问题——随着全球范围内

---

① 按照联合国环境署在《绿色经济》报告里的定义,绿色经济指一种建立在可持续发展理念和生态经济知识基础上的经济发展模式,它实现人类福利提升和社会公平的同时,可以显著降低环境风险和减少生态资源的稀缺。

具有战略前瞻性的公民思想和行动的不断涌现,推动绿色经济是否可以促进旧的发展范式向新的发展方式的转变呢?读者或许可以带着这个问题,在之后每一个章节中寻找回答这个问题的线索和证据。

如果不能很好地解决资源和能源约束问题,绿色经济转型无法真正推进和实现。本书涉及这方面的议题较多,在第一部分"资源和能源"中,我们讨论了气候变化(第一章)、能源(第二章)、水资源(第三章)、森林资源(第四章)、土地荒漠化(第五章)、生物多样性保护(第六章)和自然保护区(第七章)。以上议题都是中国发展中面临的棘手难题。从各章作者的总结来看,在气候变化、森林资源、土地荒漠化、自然保护区等问题上,中国还是取得了相当的成绩,在调整治理机制、增加资金投入等条件下,可以有效应对挑战;而在能源、水资源、生物多样性问题上,作者们认为若非深层次体制变革,绿色经经济转型的障碍难以去除。

在第二部分"经济和技术"里,本书讨论了土地的利用和规划(第八章)、可持续消费和生产模式(第九章)、工业的绿色转型(第十章)、财政金融政策(第十一章)以及环境友好技术转移(第十二章)等。作者分析了土地利用和规划制度的严重缺陷,提出了改革征地制度和政府经营土地制度的建议。涉及土地制度改革核心的土地所有权问题在文中并未讨论,当然,无论对哪位作者,讨论这个问题并非易事。第九、十、十一章讨论的议题有较高的关联性。创新、竞争和投资是这几章重点讨论的内容,各位作者在具体政策改变的操作方面给出了实施措施。第十二章重点从政府和市场角色互补的角度来观察如何使环境友好技术转移帮助中国加速绿色经济转型。

绿色经济转型面对愈加严重的环境污染问题,本书第三部分"环境污染治理"中,重点讨论了大气污染(第十三章)和城市固体废弃物管理(第十四章)。水资源(第三章)也涉及一些水污染的问题。与公民生活息息相关的空气污染和垃圾管理集中显示出中国的经济增长带来高昂的环境和社会外部成本,公众付出的健康损失代价前所未有。第十三章和十四章在借鉴国际经验的基础上,提出的政策建议在很大程度上代表了众多在此领域工作的公民社会组织的认知能力和水平。

讨论绿色经济转型自然不能回避社会公正,绿色经济不仅促进人类福利改善,也应带来社会公平。在"社会公平"(第四部分)中,本书着重讨论了促进社会公平的两个方面:在经济上消除贫困(第十五章)和在决策中促进有效的公众参与(第十六章)。这两章都突出了在促进社会公正问题上公民社会所具有的无法替代的作用。提供支持内生减贫能力提升的环境和保障公民参与政策制定的权益皆是促进和实现社会公平的必由之路。

本书第十七章讨论了国家能力建设和国际合作对绿色经济转型的作用。文章强调以善治为核心目标的国家能力建设和以共赢为原则的国际合作是实施可持续发展的核心要素,也是推进中国经济绿色转型的基本条件之一。因此作者在政策建议中将加快政治改革速度和落实协调有效的顶层设计放在优先的位置。

在此,感谢原报告的六家发起机构和支持机构[①]。感谢各位作者从写作之初到现在,将近两年的时间里,数次修改稿件。感谢赵昂承担繁重的终稿修改任务。感谢报告协调小组的卢思骋、李翔、徐嘉忆、刘彦君等里约工作小组的同事们的工作和努力。感谢北京大学吕植老师、美国自然资源保护协会的杨富强老师和中外对话的刘鉴强老师、天下溪的王小平、三联出版社的张志军老师以及中国国际民间组织合作促进会的黄浩明老师等,为报告写作提供了体例、结构、编审等方面的支持。感谢北京大学出版社黄炜老师持续的推动,最终促成了本书的完成。

在中国,可持续发展已经充分体现在了核心政策的描述中。美好愿望的实现,开始于我们对于现状做出诚实的判断,并真正一起面对。作为此书的发起者和写作者,我们的共同的心愿,是看到世界的发展,超越现有的发展范式(郑易生老师语),走向真正的可持续发展的道路。而立足于中国现实,作者们希望通过此书,让大家看到民间已经在诚实地面对现状。各方的努力、尝试、总结,虽然只是刚刚开始,但是请"别怀疑一小群深思熟虑、信念坚定的人有能力改变世界。实际上,世界发生过的改变从来如此发生。"[②]

此为前言。与读者共勉。

孙姗[③]
2013 年 11 月 20 日

---

① 阿拉善 SEE 基金会,洛克菲勒兄弟基金会,欧盟中国公民社会对话,法国使馆。

② 美国人类学家 Margaret Mead。原文是:"Never doubt that a small group of thoughtful, concerned citizens can change the world. Indeed it is the only thing that ever has."

③ 孙姗是北京山水自然保护中心的执行主任。

目　录

总论　旧的发展范式下的绿色经济

一、引言

2012 年 6 月的环境与发展全球峰会(里约＋20)似乎已经淡出我们的记忆。它呼吁"绿色经济",但是所展示的可持续发展行动的决心远逊于 20 年前的里约大会。想想 1992 年第一次全球峰会,它的《里约宣言》和《21 世纪议程》给人带来新鲜感与振奋……紧接着中国率先响应联合国号召公布了雄心勃勃的《中国 21 世纪议程》(1994 年),还有中国第一家民间环保组织"自然之友"成立(1994),人们期待着一个新时代来临。

大约 20 年过去了。中国在推动可持续发展方向上做出了极大努力。① 中国政府在有关环境方面的立法与机构组织建设方面的进步相当突出。国家投入也相当可观。中国政府侧重以试点与工程项目推动环境政策,在实施每一波的治理计划中,各级政府基本都能够实现操作性指标。例如,森林覆盖率由 2000 年的16.55％上升到 2010 年的 20.36％。② 相当多的企业在进行"经济增长方式转变":新的战略("清洁生产"、"循环经济"、"建立环境友好型与资源节约型社会"、"新型工业化")在一些鼓励政策配合下轮番地试图推动技术与产品的绿色转型,也在一些方面取得了明显的进展。③ 中国民众的环境意识大幅度上升,民间环境组织的发展远远超出了预想。

努力带来的成绩令人瞩目,但中国环境问题的严重性更加令人瞩目。几十年来环境在"保护中恶化"①。例如 20 年前,保护环境倡导者大声呼吁"环境是个问

---

① 张玉林.四十年环保经历:在保护中恶化.绿叶,2012,(5):40.

题"，而今天许多市民在为"新鲜的空气、水与食物"而忧心——狼真的来了！中国环境总态势是：某些类型的环境问题和部分区域的生态环境得以解决和好转，但整体恶化没有扭转。注意，这里还有污染的扩散转移，以及人群享有环境质量的两极分化趋势。中国已经是温室气体排放量最大国家，而且比重还在增加，其资源消耗量极大地影响着世界资源市场。

这是一个不成功与成功交错的局面，一个忧大于喜的态势。"可持续发展"远比20年之前想象的艰难：共同的未来需要人类同舟共济，但是很大程度仍然是国际政治逻辑下的博弈策略支配着国家行动，仍然是局部的短期利益支配着大部分决策。在可持续发展问题上，人类表现出太多的两面性、机会主义、自我矛盾性，以及作为一个整体的无所作为，这些现象也许可以归结为今天的时代特征。这就是：人类需要改变发展范式的征兆不断显现，但是还不足迫使多数人放弃现有的生存与发展方式。

环境部门常面临一种窘境：他们手中可操作的手段不足以解决问题，而能够解决问题的做法无可操作性（但是又活跃地存在于理论和话语中）。这或许是"在旧的发展范式下保护环境"的特点：因为旧的、也即现行的发展范式是"经济硬道理，环境软道理"，故可被允许的（即"可操作的"）做法都是经过这个原则的筛选后剩下的，难怪它们常常不能解决问题。

绿色行动的倡导者对于身心处于两种发展范式之间的感受更为深切：他们必须与经济部门对话以便找到共识、发现"双赢"（环境与增长）的机会等，否则一事无成；但同时又担忧这种"现实主义策略"并不能扭转环境的恶化。他们难免自问：自己是否正在做一道"无解"的算题？做无用之功？梁从诫先生曾坦言自己"知其不可而为之"的心态。的确，这些"积极的悲观主义者"败多胜少，但屡败屡战[①]。我们是否要承认这就是我们的选择必有的常态？一种独享的境界——不断考验我们的意志与智慧？而我们自己能否保持一种"可望而且可及的清新的精神境界"（梁从诫）呢？

"旧的范式下的绿色经济"——本文想以这样的视角审视这些问题或思绪。实际上，环境保护倡导者们的实践已经显示了部分答案。

---

① 杨东平：共同走过十年，引自梁从诫、康雪：《走向绿色文明》，百花文艺出版社，2004年，第2页。

二、充分发掘旧的发展范式下的绿色潜力

1. 旧的发展范式存在的理由与力量

一般而言,在旧的发展范式还能够支持相当多的人们生活水平提升的时候,在其技术经济改善环境的潜力还没有被穷尽的时候,在其余国家没有实质性放弃它的时候,一个国家是很难改变发展范式的。

发展范式决定着人们对与自然关系、对什么是幸福等问题的思维模式,它是历史的产物。我们承认正是经济增长给数目庞大的人口带来了现代化生活。而中国的增长还给世界上更加均衡的财富分配格局带来了希望。这对于未来世界的和平与和谐具有不可替代的贡献。我们也看到经济实力是绿色新技术及其推广成为可能的条件,而它又是一个积累的过程,不是可以任意选择的。

发展范式又受到国际关系的深刻影响。全世界环境力量都在要求、支持和赞扬中国转变增长方式的努力,但是经济全球化的力量不完全是这样,因为它是以资本的利润为转移的。中国经济增长得益于经济全球化,也使许多国家的经济得益。但是发展中国家的技术、经济结构在不同程度上正是在世界资本流动过程中形成甚至被锁定的。你中有我、我中有你——有一些环境问题看起来是国内的,其实它也是这只有时看不见的经济全球化之手的作品。看看中国新一代势不可挡的消费主义大潮,即使某些群体、甚至某个国家希望更加独立地引导消费方式与技术选择,它是否抗得住全球市场力量的内外夹击呢? 很难设想在发达国家根本不触动自己的消费模式的情况下发展中国家能够独自地自我改变很多。

2. 今日倡导的绿色经济基本上是现行发展范式下可行的政策

"里约+20"大会把"可持续发展和消除贫困背景下的绿色经济"作为大会的两个主题之一。在"迈向绿色经济"(UNEP报告)中,绿色经济被视为全球经济增长方式的绿色转型,因而是世界实现可持续发展目标的必经途径。绿色经济更加认可自然资本的价值并对自然资本进行投资,它将保护小农户、穷人的生存环境与缓解贫困联系起来,它要实现更可持续的城市生活和低碳交通。报告还强调从长期来看绿色经济不仅可保持和恢复自然资本而且其增长快于褐色经济。绿色经济政策的要旨是调动各国公司与企业家的积极性,使之超越短期的、狭隘的分析成本-利益的眼光,在投资绿色新经济中寻求发展。

3. 在旧的发展范式下,中国还有极大的潜力有待挖掘

我国的"转变经济发展方式"战略与本文所说的"发展范式的转变"有关但还不同: 前者基本上以增长为刚性,而后者以环境底线为刚性。但是这种温和的绿色

经济转型还有很长的路可走,因为还有极大的潜力。对外潜力主要存在于增加经济整体的自主能力,减少我国劳动成果与自然环境-资源被过于廉价地输出。对内,这主要存在于克服制度障碍。重要的是要为绿色经济创造更有利的制度基础(即使不完全脱离旧发展范式)。其具体要点是:

① 调整政府、企业与社会团体三者关系,使之有利于绿色经济。要使政府的功能更加有效,需要加大对作为管理者的政府的规范与制约,增大对作为监督者的"第三方"主体的监督权的保障。尽早形成一个平衡而又充满活力的格局:政府尽责于履行环保职能和维护健康的市场竞争环境,企业安心于合法经营并不断提高其生产和经营的环境绩效,社会"第三方"主体依法对政府环保履职和企业的守法进行有效的监督与制约①。

② 进一步发挥人代会等权力机构的作用,改变"部门立法"的陋习,从而为实现"全局指挥局部"建立法律基础。这是减少来自上层部门之间"扯小皮误大事"痼疾的条件。

③ 进行财政体制改革,规范中央与地方经济关系,减弱地方政府投资增长的冲动,规范其支配资源环境的行为。

④ 提高政府统筹整体的战略决策能力。中央政府统筹发展的能力优势不是应当减少,而是应当加强。这又必须依靠真正独立的、多元的、坚持从全社会的长远利益为出发点的研究、评估与监测机构。重大决策过程进一步科学化、民主化。还需要使用对绿色经济考核的新方法。特别是以有效的问责制追究与严惩急功近利、坑害子孙以获取政绩者。

⑤ 鼓励与保护企业的公平竞争。污染严重企业之所以得以生存,与市场经济还远远没有规范、缺乏公平竞争环境、违法成本过低有极大关系。这种"劣币驱除良币"的现象不利于那些靠创新与管理在市场上竞争的企业,污染了中国绿色公司成长的土壤。

⑥ 改变环境政策制定与推行由政府包办的单一方式,扩大社会监督与公众参与的空间。以尊重和保障公民环境权利为基础,鼓励民众和社会组织(包括环境NGO)更积极地参与到规划决策、环境立法、污染监督、生态保护的行动中。

---

① 王曦. 提升"环境法"的功能,为环保事业主体有效互动提供法律保障. 绿叶,2011,(8):53.

三、旧发展范式的局限性正在显露出来

1. 局限性

前面所述是在现有的(即旧的)发展范式下我们能够解决但是还没有解决的问题,也是落实我国绿色经济目标的基本内容,也就是"在确保增长的基础上建立环境友好型与资源节约型社会"。但是,在实践中我们不断发现其局限性。

因为在现有发展范式下,大部分"绿色行动"只有在经济主体的经济效益与环境改善"双赢"的条件下才能有可能,而且这也是其他国家(不论是发达国家还是发展中国家)的情况,更是支配或影响着国际环境谈判各方的原则立场。这显然与人们宣称的"只有一个地球"不相符合。更重要的是事实——世界的环境问题根本没有解决。这个基本事实令越来越多的人怀疑:不触动现行的发展范式能够改变这种"局部进步、整体退步"的宏观局面吗? 在一定意义上,我们可以将旧的发展范式的政策概括为"无悔原则"。它有两个重要推论:第一是优先考虑提高效率途径。效率的意义毋庸置疑,问题是能否用它来替代与回避"总量问题"。第二是优先考虑"双赢"的合作,这无疑是对的。问题是以不损害既得利益为底线(所谓帕累托改进),这样的合作机会能占多大比例? 是否能解决迫切的问题? 仅仅局限于经济学中的边际的、市场交换的思路把握环境问题,回避世界的整体性质,限制了旧范式的方法论之视野与解释能力。

2. 旧的发展范式如何压制新发展范式的表现

(1) 从对"梯级截流、建坝发电"的争论说起

中国一些环境 NGO 和专家质疑水电公司在西南每一条江河上截流建坝梯级开发的计划,至今围绕怒江建坝的争论还没有结束。我们深知中国的事情难在不得不面临许多痛苦的两难的选择,包括温室气体减排压力与能源供应的矛盾。但是面对怒江这样具有地质和生态的脆弱性、少数民族地区水库移民的复杂性以及工程长期影响的风险,他们坚持"审慎的原则"(Precautionary Principal)、坚持更加长远的、整体的利弊分析,以免让后代承受巨大的灾难性风险。我们相信如果有关部门真的能做一个客观而全面的研究分析,只要遵循国内现有评价方法①去做,定将强化"慎重上马"的观点。但是由于一些强势利益集团的影响,真正的第三方

---

① 其中要求: a. 公开的、客观的、得到不同意见专家充分讨论;b. 包括经济、社会(国内与国外)、环境(包括水资源、水生态系统、地质风险)影响评价。

评价在现实中很少。

我们再看另一层面的问题——即旧的发展范式如何影响思维方式。① 评估方法。严格说现行评估方法论还是有利于局部的短期利益的诉求。如重视可定量化、可货币化的价值,重视近期效益(贴现率较大),过于淡化或者回避不确定性因素,还有对破坏生态环境的"无罪推定"(让保护环境的一方举证,而不是让改变或破坏环境的一方举证)等等。简言之,我们的评价标准与方法在很大程度上反映着旧的发展理念。② 预设的前提。坚持上马的专家的核心逻辑是:你看,能源需求摆在这里,风电、太阳能发电在相当长时间内不可能满足这一需求,那么除了大规模开发水电,你没有其他选择。按照成本-收益分析方法,即使国家的这一数量的能源需求只有怒江发电才能供给,也必须看看这件事是否得大于失。经济-生态-社会三方面都要放在一起比较,凭什么"因为经济需要,所以我们就只能面对一个选择:要么水电,要么火电,两者必居其一"呢?这个逻辑只有在增长第一的前提下才成立,问题恰是这个前提本身就有问题、就需要做具体分析。为什么我们只能以发展部门的需要为底线安排资源的使用,而不能反过来以生态为底线来调整经济对资源的需求量,使之更为恰当呢?前者是旧的发展范式的逻辑,而后者是新的发展范式下的逻辑,它不承认经济需要对环境容量的不对等地位。其实,这是一个早就存在的、但许多人不愿意正视的矛盾。例如,十多年前水利部门的专家就批评过"以需定水"的理念,提出"以水定需"的新理念。因为正是在前者的逻辑下,水资源、包括地下水的枯竭与污染趋势在如此多的城市与工业"反正要发展"的刚性中相继失控蔓延。微观地看,每个项目、每个城市、每个地区都按照"服从经济需要"的理念决策,那么宏观加总之后将是一个多么大的生态赤字!因为在"增长刚性"的发展范式纵容下,总能找到借口不断突破资源与环境容量的底线,总能凭借争夺公共生态资源来获取政绩,导致总量失控而留下后患。回顾几十年的历史能够使这一规律看得很清楚。

因此,当下不可持续的项目过多的原因,一是利益集团阻止第三方评价正常进行,二是旧的发展范式从思想理念层次"先验地"矮化了环境可持续性的地位。

(2) 可持续消费

中国新一代的消费群体已经深陷于国际、国内大公司推动的消费主义和物质主义浪潮。"新生活方式"是环境保护者"最早认识、最小进展"的目标①。不仅如此,考虑到世界分为少数发达国家与多数贫富不等的发展中国家的现实,可持续消费的困难就更大了。穷人执意要过上富人那样的生活,而富人则有"我们的生活方式不容讨论"的底线(美国前总统老布什)。在现有的发展范式下,很难达到在可持续消费上的共识,这种博弈无解。博弈之中人们往往更加身不由己,很难听从环境道德的声音、听不进"什么是幸福"的箴言。不愿放弃特权是这种旧的生活方式顽固的、隐含的硬核。世界的关联性说明实现可持续消费,一要彻底摆脱消费主义、物质主义的幸福观,二要放弃少数国家、少数人多吃多占世界资源的特权,但这需要一种新的价值观和新的公平观,或许还有新的经济驱动力和生产目的……这属于新的发展范式。今天,无论在国内还是国际间,一切有助于减缓人类加重对自然压力的行为,一切有助于改变全球发展不平衡的努力,都是在从某一个方面为新的发展范式的兴起,为从根本上解决全球环境危机创造条件,因而都是正当的。

综上所述,旧的发展范式是通过经济全球化建立的世界的关联性来统治人们的思想、愿望与行为的。不分析表面现象之后深刻的因果关系,就难以发现这种环环相扣的关联性对于新的发展范式具有强大的"联防"功能,而相比之下迄今人们为环境与公平而做的努力则是局部的、被分割的。它们很容易被淹没、被割裂(例如宏观与微观之间、国家之间、贫富之间、环境与公平之间)、甚至落进陷阱。在旧的发展范式下,新理念的实践难有完整的实践空间,而局部的试验、单一的挑战难以获得期望的效果,这是可以理解的。

四、两种范式下的思考

1. 双重范式的挑战

发展范式对于许多人是一个不需要考虑的问题。对于推动环境保护的人来说

---

①　我国的环境 NGO 最初就是以倡导绿色生活方式开始.1992 年联合国环境与发展大会(里约峰会)通过的《21 世纪议程》中第四章指出:"全球环境不断恶化的主要原因是不可持续生产方式与消费方式。特别是工业化国家";并号召各国"促进可持续生产方式与消费方式(即减少环境压力并满足人类基本需求)。更好地理解消费的作用,形成更加可持续的消费模式"。可是 20 年之后,国际社会的关注程度再也没有恢复到那时的认识水平。对于曾经信誓旦旦的宣言,人们"顾左右而言他"。一些高度自觉的绿色群体(在发达国家较多)不断践行绿色生活方式,但迟迟不能进入社会的主流。人类社会这种整体的"言行不一"并不难解释:人们(特别是那些有较大选择余地的人)知道今天的生活方式应当彻底转变,但是恐惧在这样的变化中失去既得的优越地位。于是倾向于只要有一线希望或借口,就回避自我改变的选择。例如,以技术效率的提高掩饰资源消费的奢侈性,又如将注意力转移到其他国家或其他人的问题上去。

则需要。因为他们在旧的发展范式下做事又同时怀有新的理念与视野。旧的发展范式决定着人们今天关于环境与发展的思维方式，但是敏感的心智已经发现它对许多问题正在失去解释能力，它难以解释上面指出的人的自相矛盾行为和一系列悖论现象。这些"不正常"的现象提示我们：旧的发展范式鼓励的已经不是实事求是的思想态度，而是自欺、搪塞、暧昧的思想态度，因为它缺乏对世界的更深的因果关系和道德加以正视的勇气。我们当然要在旧的发展范式下做事而且要做好，但是不必对它抱有过多奢望。旧的发展范式下对于未来的设想贫乏而且过时。有想象力的出路需要在新的发展范式助力下展现其生命力。同样重要的是，新的发展范式能够容纳值得追求的理想——那是人最为宝贵的品质之一。

自觉的环境保护者经常感觉到两种范式的存在，倡导并推进新的发展范式的转变自然成为他们的使命。在气候变化问题上，中国是一些舆论中的"最大的问题制造者"，而在世界金融危机中，她的经济增长又成为另一种舆论中的救人出水的大船。其实，这一"自相矛盾"完全是将全球环境问题与全球经济问题分割开来造成的，是浅薄。中国还没有完成工业化阶段，但是已经不可能享有发达国家崛起时的资源与环境条件了。从近期看可以维系世界既有经济模式的扩张，从长期看却可能转而创造新的发展范式，因为她的规模太大了，以至于她模仿的范式会加速达到极致而最早被终结。这无疑也是对中国最大的挑战，因为在我们看来，中国的这个转折是史无前例的，也将是痛苦与充满风险的过程。如果意识到在旧的发展范式下我们没有真正的前途，就应当在旧的发展范式下建设绿色经济的同时考虑新的发展范式在中国的成长之路。中国的环境-经济上特殊的历史角色，令她的"发展范式转变"具有世界意义。这是一个大国需要的远见。而中国的环境 NGO 是否能将促进这一转变作为自己的一个历史任务呢？

2. 在旧的发展范式下的绿色经济，能否因势利导地促进发展范式转变？

（1）自觉性与方位感

发展范式转变不大可能是一个以新换旧的从容选择的过程。它从长期实践中形成，但是恐怕需要自觉的意识。在许多情况下，明确人们是"在哪一种发展范式下讨论某个问题"是有必要的。这样，你就会被更多地提醒而想到：① 在旧的发展范式下的正当性不是永恒的，它完全可能会随着历史变得越来越荒唐。② 在不同的范式下争论问题往往是没有结果的，是浪费时间。③ 注意新事物，包括新的发展范式崭露头角的机会是历史（决策）的分岔口，有点像高速公路的出口，一旦错过就只能等下一个选择机会（出口）改正或调整了。小至一个技术、规划，大至一个战略，都要考虑到长远的影响，万万不要被眼前的蝇头小利、机械模仿领先者的思维惯性所牵引,使我们一次又一次被锁定在没有前途的路径上。在这里,旧的发展范式往往压缩和固化我们的视野与想象力,令我们失去更好的选择。④ 在旧的发展范式下的许多工作是有长久价值的——它们为新的发展范式转变创造和积累各种条件与能力,后者是在前者的旧巢中长大的。在新的发展范式下的许多工作不能获得完整的成功,但是其意义最大——它们展示另一种生活或做法是可能的,即使被淹没了还会再来。两种贡献都是不可缺少的,尽管有时互相排斥。总之,从"两个范式"的视角里,我们可以免去一些不必要的含混与矛盾,提高效率,增加自觉性与方位感。

(2) 远见的战略:纳入有助于新发展范式的内容

① 中国应当是较早甚至率先在世界上实现一个新的生活方式和生产方式的国家。从现在起,就倡导、探索、支持丰富而不浪费、幸福而不奢靡的生活理念。

② 新的道路是在应对挑战中实践出来的,重要的是牢记为绿色的新事物创造与保存成长的空间。例如,珍惜和抓住发展中国家的"后发优势"。考虑到新发展方式的未来,发展中国家的"后发优势"就绝不会仅仅限于对发达国家技术的模仿之"捷径"了。还有更多,特别是我们某些迄今尚未因模仿他人而被锁定或破坏的东西。如新兴中的城市,公共交通模式,没有被开垦的自然区域、传统文化中的活力、绿色潜力……都是我们创新的资源。

③ 创新能力需要社会组织充满弹性与活力。除了政府和市场,不要忽视公民社会,它可以充当创新的催化剂、孵化器,对形成一个生动活泼的和谐社会所不可缺少的。在旧的范式下的绿色经济实践中迎接新发展范式转变,需要对不确定性有一种重视而不回避的态度。这最主要的体现在不能局限或陶醉于经济总量数字的成就,要树立"适应能力最重要"的意识,这里的能力重在每个层次上都有更大的平衡性、弹性、创造性、多样性。

(3) 新人的出现?

新的发展范式在现实生活中有一些具体的体现,或者说它的影子。比如说,在这个物欲横流的时代,也有一些迥然不同的人群。他/她们追求的是一种真实的、新颖的、自然的而不是虚荣、攀比时髦的生活。他们思想开放、富于创意、愿意分享、善于综合不同学科的知识而不是固步自封,他/她们倾心于公益、深爱自然、关注弱者、常有悲哀与痛苦但不全是为自己,你可以在公益组织中比较容易发现这类平凡而令人尊敬的人。他们当然还是少数,但是你没有发觉这样的人在不断增加吗?不仅我国,在世界上也是如此。他们的某些品质的确与新的发展范式相通相容。不要讥笑处于萌芽状态的新的生活与生产范式,因为只要具有新理念的人——尽管他们要在现实规则中积极工作于生活——在增多，就有希望。一个孩子在海边搭建的沙房子被浪淹没了，但是这个孩子会长大，并建造出真正的大房子。

郑易生　多年从事技术经济和环境经济研究，就职于中国社会科学研究院，担任环境与发展研究中心副主任，研究员。

第一篇

资源和能源

第一章　应对气候变化
——中国需要发挥更大作用

摘要

本章分析气候变化议题在中国的演变，包括中国应对气候变化的政治意愿的提高，政府决策以及行政体制的转变，企业和公众的参与行动等。中国既是气候变化的受害国，也是温室气体的主要排放国。中国的经济发展以及碳排放增加的趋势，使中国需要就气候变化议题重新定位，在国内、国际范围做出新的努力。本章总结了以往节能减排减碳的经验教训，就未来气候变化应对路径和政策提出了建议。

大事记

- 1994 年，中国《节约能源法》颁布，并于 1997 年修订，以加强其可执行度；该法的颁布，用法律法规的形式规定了中国经济的发展模式，保障了能源节约的有效实现。

- 2006 年 1 月 1 日，《可再生能源法》颁布实施，为中国可再生能源的发展提供了法律保障。

- 2006 年 3 月，中国的"十一五"规划明确提出单位国内生产总值能源消耗（单位 GDP 能耗）降低 20% 左右，主要污染物排放总量减少 10%，森林覆盖率达到 20%，控制温室气体排放等目标。

- 2007 年 6 月，国务院决定成立国家应对气候变化领导小组（以下简称领导小组）。作为国家应对气候变化工作的议事协调机构，国家发展和改革委员会具体承担领导小组的日常工作。

- 2007 年,国务院印发《中国应对气候变化国家方案》,明确了到 2010 年中国应对气候变化的具体目标、基本原则、重点领域及其政策措施。
- 2009 年,"地球一小时"活动由世界自然基金会引入中国,为中国气候变化应对的公共宣传提供了国际平台。
- 2009 年,中国政府在哥本哈根第 17 届气候变化谈判大会上重申国家目标,至 2020 年在 2005 年的基础上将碳强度降低 40%～45%。可再生能源和新能源占总能源消费的 15%,中国向国际社会明确了应对气候变化的决心与政治意愿。
- 2011 年 3 月,中国的"十二五"规划提出单位国内生产总值能源消耗(单位 GDP 能耗)降低 16%,碳强度减低 17% 的强制性目标。
- 2011 年 10 月,国家发改委办公厅下发了《关于开展碳排放权交易试点工作的通知》(发改办气候[2011]2601 号),批准北京、天津、上海、重庆、深圳五市和湖北、广东两省,开展碳排放权交易试点工作。

一、综述

气候变化是当今国际社会共同面对的巨大挑战。在过去的 20 年中,中国积极参与国际气候变化谈判与合作,在国内气候变化应对方面做出了显著的成绩。中国正处于快速城市化和工业化的进程中,仍有一亿多人口需要脱贫,新能源技术还有待大规模突破。此时,政府需要下定决心,把应对气候变化切实作为可持续发展的重要支撑,建立有效的市场体系,将气候变化的影响减至最低。如何减排降耗,挑战着中国领导人的政治意愿,也考验着中国政府的智慧与执政能力。同时,中国的企业与公众也面临着责任与行动力的挑战。

气候变化是国际社会关注的重要议题。根据联合国政府间工作组(IPCC)报告,近百年全球地表平均温度增加了 0.74℃(政府间气候变化专门委员会,2007)。2010 年是近百年来全球最暖的一年,2001—2010 年是近百年来全球最暖的 10 年。人类社会生产与消费所排放的二氧化碳起着不可忽视的主要作用。1992 年在联合国可持续发展会议上,应对气候变化成为人类可持续发展的主要内容之一。1997 年 12 月,《联合国气候变化框架公约》第三次缔约方大会在日本京都召开,149 个国家和地区的与会代表达成了《京都议定书》。2008 年,在全球 20 国首脑会议上,各国首脑达成共识,要共同努力将温度上升控制在 2℃以下。为减缓气候变化,全球需要在 2050 年将碳排放在 1990 年的基础上减少 50%,其中发达国家至少减排 80% 以上。近年的气候变化谈判正紧锣密鼓地进行着。

中国面对气候变化带来的严峻挑战。根据 2010 年《第二次气候变化国家评估报告》显示,1951 年至 2009 年间,中国陆地表面平均温度上升了 1.38℃,2007 年是近百年我国最暖的一年,2001—2010 年是最暖的 10 年。《第二次气候变化国家评估报告》显示,2011 年全国平均气温 9.3℃,较 1971—2000 年平均偏高 0.5℃。温度上升导致中国大部分冰川面积自 20 世纪 50 年代以来缩小了 10% 以上(气候变化国家评估报告编写委员会,2011)。中国作为发展中的人口大国,无论是水资源还是粮食供应都面临短缺的威胁。

中国的经济发展过程中,煤炭消耗占一次能源消费的 70%,原油对外依存度达 55%(工信部,2011);经济发展中的能源瓶颈,使得应对气候变化成为中国可持续发展的原动力。2008 年,中国已经成为世界第一碳排放国,面临着来自国内和国际社会的减排压力。中国政府本着适应与减缓并重的原则,以逐步开放的态度应对气候变化问题:从国际气候变化谈判的参与,到国家建立气候变化应对部门,并发布"国家应对气候变化行动方案",中国政府加紧出台了一系列法律、法规与标准、政策,有效推动可持续发展。

中国重视森林碳汇。中国政府成功颁布并修订了"森林保护法"、"城市绿化条例"等,并建立了森林生态补偿体系、国家自愿植树造林体系、林木价格体系、森林资金体系以及再造林贷款制度、森林认证制度等。至今,中国已成功营建三北保护林,有效保护了长江中上游生态系统。

中国重视气候变化减缓工作。1994 年,中国政府制定了《中国 21 世纪议程》,指出"通过高消耗追求经济数量增长和'先污染后治理'的传统发展模式已不再适应当今和未来发展的要求,而必须努力寻求一条人口、经济、社会、环境和资源相互协调的、既能满足当代人的需要,而又不对满足后代人需求的能力构成危害的可持续发展的道路",以保障未来的安全发展环境。保护自然资源与环境,增加社会产品,区域间协调发展,消除贫困,提高人民的生活质量成为中国的国策,并被纳入中国的各项政策方案,包括五年发展规划中。

20 世纪 80 年代至 20 世纪末,国家重点开展节能工作。中国政府采取开放的态度,借鉴国际先进政策经验,依靠体制创新和技术进步,在 1980—2000 年期间,中国 GDP 年均增长率高达 9.7%,而相应的能源消费量年均仅增长 4.6%(国家能源综合发展战略与政策研究课题组,2004)。

"十五"期间,新一轮的经济改革积蓄了更强劲的经济发展动力,能耗弹性系数五年平均值为 1.02,能源消费增长率超过了经济增长率(侯艳丽等,2011)。

"十一五"期间(2006—2010),中国对于低碳发展进行了有效尝试。2005 年,中国的"十一五"规划将可持续发展作为重要发展目标,明确提出单位国内生产总值能源消耗降低 20%左右,主要污染物排放总量减少 10%,森林覆盖率达到 20%,控制温室气体排放。这是中国政府在国家五年发展计划中第一次采用能效强度目标。中央政府将国家目标进行了地方分解,并制定了一系列强制性和激励性的措施,强力推动地方的节能减排。中国"十一五"期间,还出台了《可再生能源法》,并对新能源和可再生能源投资 1.73 万亿元,能效投资约 8600 亿元。至"十一五"期末,中国完成了 19.1%的节能目标,碳排放强度下降 20.8%,减少了 15.5 亿吨二氧化碳排放(齐晔等,2011)。

2011 年 3 月,中国的"十二五"规划提出 2015 年单位国内生产总值能源消耗(单位 GDP 能耗)比 2010 年降低 16%、碳强度减低 17%的强制性目标,非化石能源占一次能源消费比重达到 11.4%("十二五"规划编写组,2011)。主要污染物排放总量显著减少,化学需氧量、二氧化硫排放分别减少 8%,氨氮、氮氧化物排放分别减少 10%。森林覆盖率提高到 21.66%,森林蓄积量增加 6 亿立方米。如果中国政府能实现上述指标,可减少约 16 亿吨二氧化碳排放。这对转变经济发展模式起着重要作用。2006 年以来,中国政府开始关注综合的低碳经济发展,循环经济、低碳城市试点、绿色生态城市等应运而生。

在过去的 20 年,我们看到中国社会在政治、社会、经济等各领域已采取的法规和政策措施,尤其是刚刚结束的"十一五"计划实施和"十二五"计划的制定,以及中国的低碳经济省份与城市试点及碳交易试点的建立;国际社会政治环境的变迁,经济条件的改变,需要中国增强持续和积极应对气候变化的政治意愿。如今,"十二五"规划已在执行过程中,中国政府需要尽快建立中国发展的中长期低碳行动方案,明确国家碳排放峰值的拐点,与国际社会共同加大努力,应对气候变化,建立可持续发展的社会与经济环境。

二、中国的气候变化应对任重而道远

应对气候变化的要求,催生了中国的绿色低碳经济,国家将以较低的碳排放实现社会的可持续发展。经济发展的速度、质量、效率与公平有着同等重要的地位,需要有效保障满足人们需求与自然环境保护的要求。发展绿色低碳经济,首先要下定决心,做好经济转型规划,鼓励技术创新,走出跨越式的发展道路(国合会,2011)。

(1) 中国要用好公平的发展权利

中国长期处于快速经济发展过程中，城市化进程不断加速。2011年已有51.4%的人口居住在城市，超过农村人口（中华人民共和国国家统计局，2012）。从2001年至2011年底，每年城市移民人口的平均增长率超过1.26%，也就是每年有1200万至1500万人口从农村迁移到城市中，相应的城市能耗也每年增加1500万吨标煤以上。至2007年，中国的人均碳排放已达到世界平均水平。中国的人口基数，以及不断发展的经济规模，引起国际社会对中国碳排放增加的恐慌，一些西方舆论质疑中国的碳排放增长速度。美国尤其以中国为借口，推脱减排责任。

中国在国际气候变化谈判中要坚持公平的原则，维护发展中国家的发展权利。纵观发达国家的经济发展过程，无不排放了大量的温室气体。即使是积极应对气候变化的某些欧洲国家，也是由于在碳排放达到顶峰后，才采取了高效能源技术，发展可再生能源，才使得碳排放开始下降的。从1850到2005年，中国的累计人均碳排放只达到世界的8.3%；即使在1990年到2005年间，中国的人均累计碳排放也只有世界的14.8%，远远低于美国（世界资源研究所，2008）。

但中国应在用好未来的发展权利的同时，大力减排。2000年以来，中国的人均碳排放增长迅速。2011年人均碳排放已达5.7吨左右，远远高于世界平均水平，与一些发达国家水平相当。如果这种发展趋势不加以遏制的话，2035年中国的累积人均碳排放水平将与欧盟等同。中国的碳减排将需要长久且更强劲的努力，绿色低碳经济要关注发展的速度与质量。中国的"十二五"规划中，首次将中国的经济发展速度下调至7.5%（"十二五"规划编写组，2011）。继续调整经济和产业结构，加快低碳与可再生能源的发展，提高能源使用效率，转变公民消费理念和行为，将是中国发展过程中的长远课题。

(2) 中国的低碳经济发展要关注国内效率与公平

中国东西部之间在经济发展规模与质量方面均存在较大差异。城乡之间更存在巨大的经济鸿沟。2010年，沿海地区生产总值高出西部省份10倍，最高的广东省地区生产总值达46013亿元，而西部的甘肃省仅为4120亿元；而两地的人均电力消费却相当，表现为广东人均电力消费2.577吨标煤，甘肃为2.043吨（中华人民共和国国家统计局，2011）。当中国的北京、上海等大城市人均碳排放已经与欧美人均碳排放水平相当甚至更高时，在一些偏远的农村地区，薪柴仍然是主要的能源资源之一。

中国西部、东北部及中部地区需要较高的经济增长。"十一五"期间，国家出台了一系列优惠政策，使得众多资本流入中西部地区。但是，区域经济竞争、保就业、保增长的地方目标容易使得中西部地区将大量资本投向高耗能、高排放项目。在经济发展过程中,中西部地区要避免走高消耗、高排放、高污染的发展模式;而应因地制宜,根据区域的资源状况与东部地区优势互补,重视效益,走低碳经济发展道路。

案例 1　低碳乡村建设的兴起

中国政府实施了在偏远地区和岛屿的阳光计划和送电下乡计划,采用电网、分布式可再生能源发电(太阳能、风能、小水电、地热能)和户用发电装置相结合的供电措施,十年内无电人口下降到 500 万人左右。低成本的能源供应,对消除贫困人口和增加就业,发挥了巨大的作用(杨富强等,2012)。相对于低碳城市发展,低碳乡村的建设需要大力倡导并给予政策扶持。如今,民间组织在做一些试点工作,比如山水自然保护中心在云南省开展的低碳乡村试点项目,尝试通过乡村低碳加强当地的生物多样性保护;北京地球村在四川地震重建中提倡的乡村低碳文化建设,都是很好的实例。国家的乡村财政扶持政策需要与低碳主题相结合,使财政资源得到更好的利用,助力于地方的可持续发展。

(3) 政府主导与市场机制相结合

过去的 20 年间,中国中央政府采用行政手段与市场机制推进中国的节能减排。2006 年 4 月,国家发展与改革委员会会同有关部门选取年综合能源消费量 18 万吨标准煤以上的约 1000 家企业,启动了千家企业节能行动。千家企业能源消费量占工业能源消费量的一半,占全国能源消费量的 1/3。该项目的实施,使千家企业单位氧化铝综合能耗、乙烯生产综合能耗、烧碱生产综合能耗等指标下降了30% 以上,单位原油加工综合能耗、电解铝综合能耗、水泥综合能耗等指标下降了10% 以上,供电煤耗下降近 10% (国家发改委,2011),部分企业的指标达到了国际先进水平;千家企业项目实现节能 1.5 亿吨标准煤。"十二五"期间,中国政府将千家企业项目扩展至万家企业。

除了强力的行政手段和监管机制外,市场机制是应对气候变化的重要手段,是一种有效的政策工具。例如,碳价格信号能发挥引导企业节能减碳的作用,并且能够实现温室气体减排的社会成本最小化。2011 年国家发改委批准北京、天津、上海、重庆、深圳五市和湖北、广东两省开展碳排放权交易试点工作。在试点的七个省市中,仍有部分城市尚未成立正式的碳交易所。而在试点以外的不少地区成立环境能源交易所,进行排污权交易的同时增加了碳排放交易。另外,在世界银行等国际组织的帮助下,中国引进了合同能源管理、节能减排自愿协议等创新体制,这些措施还需要得到进一步的提高。

(4) 提高和加强地方节能减排的政治意愿与实施能力

一些地方政府仍将气候变化作为政治问题看待,没有把气候变化与可持续发展相结合;区域经济竞争也使得地方不惜以浪费资源和破坏环境为代价发展经济。

2011年,国家发展与改革委员会建立了低碳城市试点,确定在五省八市试点低碳发展模式。一些城市在中央政府和国际机构的支持下,较早开展了低碳经济发展尝试。例如北京、保定、南京、无锡和上海等城市均选择了适用于自己的发展模式和措施,进行低碳实践。这些措施包括推动碳审计、制定低碳城市战略与计划、可再生能源发展计划和未来碳减排方案;提高城市规划、土地使用、建筑物基础设施效率;发展公共交通;加强与世界其他大城市间的合作;推动有利于低碳的立法工作;开发利用低碳技术,实施一些示范项目等。这些城市的探索不仅为中国"十一五"地方目标的完成做出了贡献,同时也为国家低碳城市试点的建立奠定了良好的基础。

低碳城市经济发展是一项综合工程,涉及地方经济规划、产业布局、技术的研发与创新能力以及劳动力结构。地方政府应当建立有效的长期机制,制定中长期发展方案,培养并引进人才,加强能力建设,推动地方的低碳经济发展。

(5) 企业节能减排能力不均衡,差距大

"十一五"期间,重点行业的大型企业在节能减排方面取得了显著成绩。例如,30家重点耗能的中央企业,各项主要生产经营业务的能耗、水耗、主要污染物排放指标全部达到历史最好水平,其中1/3以上企业接近或达到国际先进水平。但占工业能耗2/3的中小企业减排能力不足。全国各类中小企业达4400万户(含个体工商户),完成了全国50%的税收,创造了60%的国内生产总值,提供了近80%的城镇就业岗位(国务院办公厅,2012)。受限于地方经济发展的需求及其自身在节能减排过程中面临的资金、技术研发等难题,中小企业的减排需要加强。政府需要加大对中小企业的扶持,完善相关法律、标准、政策,促进中小企业的转型升级。

(6) 碳排放数据收集能力不足,碳信息披露意识薄弱

在气候变化谈判中,可测量、可报告、可核查的温室气体排放要求成为谈判的主要焦点之一。美国审计总署认为,主要发展大国,包括中国、印度等,二氧化碳排放清单质量差,没有可比性,且缺乏审查程序,减排缺乏透明度。在中国国内,企业的碳信息收集面临挑战,也为下一步国内碳交易的展开带来一定困难。另外,许多企业认为碳信息的披露将会涉及企业的商业机密,因此,即使能够收集碳信息,也不愿公开披露。2010年中国参加碳信息披露的企业仅有11家(商道纵横,2011)。

(7) 出口中隐含巨大的碳排放

中国是世界的"加工厂"。2006年以来,中国快速上升的出口驱动经济的发展。为了解决出口中存在的大量能耗问题,2007年6月,国务院出台出口产品减免税政策,并于同年7月1日开始实施。然而,中国的进出口总量从2001年占世界的第7位,上升到2010年的第2位(中华人民共和国国家统计局,2011),2008年,在进出口产品中隐含的能源净出口量占能源总消费量的18%～25%。6亿～8亿吨标煤消费在为国外消费者生产的产品上(中国能源和碳排放研究课题组,2009)。面对国

际社会可能出现的碳关税贸易壁垒,也为了减少中国的能源需求,中国需要进一步遏制高耗能产品的出口,调整资源税,及时推出碳税政策,推进中国制造业的转型升级。

(8) 中国的绿色低碳转型需要技术投入和金融支持

实现低碳排放的核心是节能技术、可再生能源技术和核电技术的创新与产业化。麦肯锡研究报告强调了增加绿色科技投资可以为中国带来的收益。例如,通过在未来 20 年中全面推广电动汽车,中国可以将 2030 年预计进口石油需求减少 30%～40%。通过在建筑和工业领域全面实施能效提升技术,并积极地在工业领域回收和利用废弃物和副产品,中国可以在 2030 年将预计电力需求和煤炭需求各降低 10%以上。通过大规模增加对清洁能源技术的投入,如核能、风能、太阳能和水力发电,中国可以不再依赖煤炭作为发电的主要能源。到 2030 年,对煤炭的依赖程度将从目前总发电量的 81%降低到 34%。

中国要想转型成为"绿色经济",需要在未来 20 年投入大量资金。根据麦肯锡的估算,从现在到 2030 年,每年还需平均投入高达 15 000～20 000 亿人民币的额外资金,才能有效部署必要的绿色技术,从而实现研究报告中所提出的实质性进步。以年度为基础计算,这部分所需的资金相当于中国同期 GDP 的 1.5%～2.5% (麦肯锡,2009)。

(9) 公众关于低碳经济的倡导

中国处于快速城市化的过程中,公众消费行为也在发生剧烈的转变。从 2005 年到 2010 年,与消费直接相关的建筑和交通领域排放增长了 41%,快于同期全社会 36%的增速(齐晔等,2012)。2009 年,世界自然基金会将"地球一小时"引入中国,倡导中国公众加入低碳生产、生活行列。中国保定、上海等城市率先参与"地球一小时"的活动。经过 4 年的努力,至 2012 年有多达 124 个城市参与此项活动,有 1400 家企业注册承诺环保行动,中国的故宫、长城和奥林匹克公园鸟巢、水立方等成为"地球一小时"历年活动的地标性建筑(新华社,2012)。

2011 年 6 月,中国多家民间机构联合发出"C+公民超越行动"倡议,认为中国在当前的发展形势下,在气候变化应对方面可以做得更多、更好。中国民间组织支持中国政府的工作,协同中国企业与公民支持中国节能减排目标的实施;中国的气候变化应对行动可以超越气候变化议题,支持中国的全面可持续发展;中国的努力可以影响国际社会的气候变化应对行动,鼓励更多的国家与社会积极响应气候变化问题的挑战,建立有雄心的节能减排目标,建立国际合作机制,共同应对气候变化。

三、中国将面临更为严峻的减排挑战

应对气候变化已经成为中国可持续发展的主要内在驱动力。中国政府在"十二五"中提出深化改革开放、加快转变经济发展方式,坚持把建设资源节约型、环境友好型社会作为加快转变经济发展方式的重要着力点。深入贯彻节约资源和保护环境的基本国策,节约能源,降低温室气体排放强度,发展循环经济,推广低碳技术,积极应对全球气候变化,促进经济社会发展与人口资源环境相协调,走可持续发展之路。完成"十二五"规划将是一场严厉的挑战。

中央与地方的博弈依然存在。中央政府明确"十二五"期间,中国经济将保持7.5%的增速,而各地方上报的 GDP 增速均高于国家目标。尤其是西部地区,由于经济落后,发展的愿望强烈,有的省份 GDP 的增速几近国家目标的 2 倍。国家提出了能源消费总量控制,"十二五"期间全国总能耗控制目标将为 41 亿吨标煤("十二五"规划编写组,2011)。根据地方上报的 GDP 数据,如果加权平均,各地的能源消费总量将达到 43.5 亿吨标煤,高出国家发展与改革委员会最近提出的总能耗控制目标约 2.5 亿吨标煤。

根据中国过去 30 年的发展数据,如果能源消费总量控制在 41 亿吨标煤、GDP增长率为 9% 的话,中国"十二五"期间的能耗强度应是 18%,相对于规划中 16% 的能耗强度降低目标高出两个百分点(齐晔等,2012)。

2008 年,中国的碳排放超越美国,成为世界上最大的碳排放国。从 2000 年到2010 年,中国的碳排放增加了 1 倍,中国的人均碳排放也从 2000 年的 2.78 吨上升到 2010 年的 5.32 吨,已经超出世界人均碳排放水平。2011 年中国碳排放依然在加速,总排放约为 77 亿吨,人均 5.7 吨,占全世界总排放 22% 左右(齐晔等,2012)。中国的碳排放受到全世界的瞩目,来自国际社会的减排压力将会越来越大。

较早的减排努力将有助于减小气候变化应对的成本。斯特恩报告(Stern Report)指出,忽略气候变化最终将损害经济发展。有效行动开展得越早,所需付出的成本就越小。中国政府如果能够明确较早的碳排放峰值与拐点,将会促进高效技术的发展,避免高能耗产业发展的锁定效应;同时,在国际上也将为中国参与谈判增加话语权。

四、政策建议

如何在全球化背景下提高中国社会的公共治理水平,积极开展应对气候变暖的国际合作,是中国政府面临的重要课题。

中国面临着许多挑战,本文认为首先要做好如下几点:

(1) 中国政府需要尽早明确中国的碳排放峰值时间,并建立长期行动方案

如果按照目前各国所允诺的减排目标,全球温升将可能达到 4℃。减排的峰值出现得越迟,气候变化应对付出的成本和代价也越大;相反,较早的减排努力将有助于减小气候变化应对的成本。清华大学、国家能源研究所等多家研究机构完成了中国的碳排放情景分析,分析认为中国碳排放的峰值将出现在 2030 年左右。

国家能源研究所姜克隽博士团队研究的结果则认为中国的碳排放峰值将会出现得更早。实现全球平均气温升高不超过2℃的目标,要求中国碳排放在2025年之前达到峰值。此结论意味着2005到2020年中国碳强度的降幅为49%～59%,高于政府公布的行动目标(姜克隽等,2011)。

相对于峰值时间的设立,建立中国的气候变化应对长期行动方案将有助于中国的长远经济战略规划,以实际方案支持中国的减排目标实施,并保障中国经济发展过程中的公平与效率,落实低碳经济发展的资金与技术需要,激发城市、企业低碳发展的积极性。

(2)加速气候变化应对相关立法

气候变化应对立法正在进行中。国家发展与改革委员会广泛吸纳各方专家意见,出台气候变化立法草案并征求公众意见。此立法将有助于依法加强各部委的联动机制,深化资源性产品价格改革,理顺煤、电、油、气、水等资源性产品价格关系;完善主要污染物排污权有偿使用和交易试点,建立健全排污权交易市场;开展碳排放交易试点,建立自愿减排机制。通过立法,保障中央与地方气候变化应对方案的有效实施,克服当前存在的地方与中央利益博弈的问题。

加紧制定控制二氧化碳排放的各项法律法规,应包括温室气体排放许可、分配、收费、交易、管理等内容。同时,要着手开展二氧化碳排放管理机构的建设,包括组织管理机构、许可证发放机构、排放权交易机构等及其运作;立法要求碳数据的准确性与独立性、可靠性,并强调碳数据的信息披露,接受公众监督,为政策制定、碳市场的公平交易等提供良好的数据基础。

在立法中,要明确民间机构在气候变化应对领域的地位和作用,加强民间机构的知情权、参与权与监督权,倡导低碳消费理念。

(3)城市要首先建立中长期减排方案

城市低碳经济的发展,需要及早确立碳减排中长期目标,促进地方的减排努力,并明确显示碳排放观点。低碳城市不是城市形象宣传的简单标志。其经济发展模式、能源供应、生产和消费模式、技术发展、贸易活动、市民和公务管理层的理念和行为取决于城市的长期发展规划与方案。中长期减排方案,将推动城市减少碳排放的锁定效应,帮助中国实现经济增长与碳排放脱钩,摆脱高排放路径依赖;进而促进碳市场的建立与发展。

(4)建立绿色财税体系,尽快开征碳税,促进企业的节能减排

2007年中国政府就将碳税列入议事日程。碳税是减少二氧化碳排放的有效市场手段,能促进能源供应低碳化和经济发展模式转型,发展可再生能源,调动企业节能减排积极性。碳税体系的建立,将促使企业积极进行技术研发,建立碳排放统计体系。碳的减排对其他污染物排放的减少有很强的协同效应。碳税的重点效果也体现在对煤炭的有效利用和总量控制上。中国政府应审时度势,调整已有的

排污收费制度与资源税,尽早推出碳税。

(5) 加强国际合作,积极参与国际气候谈判

当前全球气候谈判受阻,进展迟缓。关键问题是要不要坚持气候变化国际条约中明确了的原则,以及发达国家减排指标和资金承诺等主要议题。从谈判形势看,2020年后主要经济体,包括发展中国家,如何量化减排安排将成为谈判焦点。在2011年的德班会议上,中国代表团表示在具体明确的条件下,中国愿意对2020年后的量化减排协议进行磋商和谈判。

在变幻的国际政治、经济环境中,中国需要加强气候外交以及气候变化应对的国际合作,坚持共同但有区别的责任原则、各自能力原则、公平原则以及环境整体性的原则,担负发展中大国在国际低碳转型中的重任。尤其在南南阵营中,中国需要会同其他发展中大国,加强对贫穷的发展中国家的资金支持与技术援助,建立南南气候与发展基金,做出与发展中大国责任相符的行动。

五、小结

中国在气候变化应对方面做出了长足的努力。历经植树造林、节能减排等一系列活动,气候变化应对已在决策层建立较强的意识。然而,由意识转变为全社会的行动,还有很长的路要走,一系列基础工作需要开展,包括气候变化应对立法、市场机制的探索、企业的碳排放统计能力建设等。不过,只要中国政府有意愿坚持这份努力,中国在气候变化应对中将会有更积极、有效的作为。

候艳丽 曾先后任职于世界自然基金会北京办公室、能源基金会和国际能源署中国清洁煤发展项目。长期关注气候变化谈判的进展和国内节能减排试点与政策推广工作。现为独立顾问。

参考文献

1. 工信部. 2011年上半年石油和化学工业经济运行健康平稳. (2011) http: //www. miit. gov. cn /n11293472 /n11293832 /n11293907 /n11368223 /13984910. html.

2. 国家发改委. 千家企业超额完成"十一五"节能任务. (2011-03-14) http: //www. ndrc. gov. cn /xwfb /t20110314_399363. htm.

3. 国家能源综合发展战略与政策研究课题组. 国家能源战略的基本构想. (2004) http: //www. people. com. cn /GB /jingii /1045 /2191153. html.

4. 国家统计局,2011. 国家统计年鉴—2011. 北京:中国统计出版社.

5. 国家统计局. 2011年国民经济和社会发展统计公报. (2012) http: //www. stats. gov.

cn.

6. 国务院办公厅. 工业转型升级规划 (2011—2015 年). (2012-01-18) http://www. gou. cn/zwgk/2012-01/18/comtent_2047619. htm.

7. 侯艳丽等. 2011. 中国十二五节能减排应坚持高目标. 中国能源,2：15-18.

8. 姜克隽等. 2008. 中国的能源与温室气体排放情景和减排成本分析. 北京论坛. (2008) 文明的和谐与共同繁荣——文明的普遍价值和发展趋向,"生态文明：环境、能源与社会进步"环境分论坛论文或摘要集. 北京：[出版者不祥]

9. 林而达等. 2011. 气候变化对中国的影响和损失分析. 北京：[出版者不详].

10. 麦肯锡. 中国的绿色革命：实现能源与环境可持续发展的技术选择. (2009). http://www. carcu. org/uploads/soft/200904/1_02132607. pdf.

11. 气候变化国家评估报告编写委员会. 2011. 第二次气候变化国家评估报告. 北京：科学出版社.

12. 清华大学气候政策研究中心. 2012. 中国低碳发展报告(2011—2012). 北京：清华大学出版社.

13. 商道纵横. 碳信息披露项目中国报告 2011. http://www. syntao. com/uploads/%7B8387F298D-178D-4E77-Aq77-087377B97E90%7D-CDP%20China%202011.

14. "十二五"规划编写组. 2011. 中华人民共和国国民经济和社会发展第十二个五年规划纲要. 北京：人民出版社.

15. 世界资源研究所. 2008. 气候分析指标工具. 6.0 版本. (Climate Analysis Indicators Tool, Version 6.0).

16. 新华社. 2012. 124 座中国城市加入 2012 年"地球一小时"环保活动. 北京.

17. 政府间气候变化专门委员会(IPCC), 2007. 气候变化 2007 综合报告. http://www. ipcc. ch/pdf/assessment—report/ar4/syr/ar4_syr_cn. pdf.

18. 中国 21 世纪议程中心. 1994. 中国 21 世纪议程——中国 21 世纪人口、环境与发展白皮书. 北京.

19. 中国环境与发展国际合作委员会课题组,2012. 中国绿色经济发展机制与政策创新研究. 中国人口资源与环境,5.

20. 中国能源和碳排放研究课题组. 2009. 2050 中国能源和碳排放报告. 北京：科学出版社.

21. 齐晔等.2011.中国低碳发展报告.北京：社会科学文献出版社.

第二章 清除机制障碍 推动可持续能源变革

摘要

以可再生能源发展为主线,以低碳、高效、清洁为目标的能源行业的变革是实现全球绿色经济的必要条件。能源工业为中国经济的快速发展提供了源源动力,但也对中国社会、经济和环境的可持续发展带来巨大挑战。本章分析了能源改革中的四个重要问题:能源决策公众参与、能效提高机制、可再生能源技术创新投资和电网改革。提出相应的政策建议:能源决策机制透明、公开,使公众可有效参与;以能效优先,提供相应的政策和定价机制的支持;加大对可再生能源技术创新的投资;打破电网垄断局面,为智能电网和分布式能源发展创造有利条件。

大事记

- 1994 年 1 月,非发电用煤炭启动市场化定价改革,电煤价格仍在政府指导下确定。
- 2002 年,中国实施以"厂网分离"内容的电力行业体制改革,发电资产和电网资产初步分割,中国国家电力监管委员会成立。
- 2004 年夏天,众多中国民间环保组织联合发起 26℃空调节能活动,倡导自愿性空调节能行动,对政府在 2005 年颁布 26℃空调节能规范起到推动作用。
- 2006 年 1 月 1 日起实施《中华人民共和国可再生能源法》,鼓励可再生能源发展,支持可再生能源并网发电,并制定了电价管理和费用分摊办法。

- 2006 年,政府公布"十一五"(2006—2010)节能目标,单位 GDP 能耗水平 2010 年比 2005 年降低 20%。
- 2007 年,国家发展和改革委员会公布了《核电中长期发展规划》和《可再生能源中长期发展规划》,为核电和可再生能源电力到 2020 年的发展提出具体目标。
- 2008 年 4 月 1 日,修订后的《中华人民共和国节约能源法》正式实施。强调了在能源领域节约与开发并举、把节约放在首位的能源发展战略。
- 2009 年,石油进口依存度首次突破 50%。中国一次能源生产和消费量都排名世界第一。
- 2010 年 4 月 1 日,修订后的《可再生能源法》实施,确定了可再生能源电力全额保障性收购的制度,并建立可再生能源发展基金。
- 2010 年底,中国成为世界上风电装机最大国家,累计装机量 4230 万千瓦。

一、综述

现代社会实现绿色经济转型与实现能源系统的可持续发展密不可分。21 世纪人类社会经济的可持续发展将不会再依赖化石能源为主的能源系统,而是可再生能源主导的低碳、高效和清洁的能源系统。过去 20 年,世界各国在能源系统的"可持续"转型皆有不同进展,中国在取得相当成绩的同时也面临诸多问题。

中国的能源工业发生了巨大变化。根据国家统计局的年度国民经济和社会发展统计公报(1993 和 2012),中国一次能源生产总量从 1992 年的 10.67 亿吨标准煤增加到 2011 年的 31.8 亿吨标准煤,同期的国内生产总值(GDP)从 2.4 万亿元人民币增加到 47.2 万亿元人民币[①]。中国一次能源的生产量和消费量 2009 年跃居世界第一(IEA,2011)。全国电力装机总量从 1995 年的 2.2 亿千瓦增加到 2011 年的 10.56 亿千瓦,发电量从 1995 年的 1 万亿千瓦时增加到 2011 年的 4.69 万亿千瓦时(《中国电力年鉴》编委会,2002;中国电力企业联合会,2012)。中国一次能源消费仍以煤炭和石油为主。可再生能源消费到 2009 年底占一次能源总消费的 9%(鲍丹,2010)。中国可再生能源的发展从 2005 年之后有了快速发展,

---

① 此为名义 GDP,即用当期市场价格计算出的总产出,不考虑通货膨胀因素。

尤其以风电的发展最为突出。2010 年生产电力 42065.4 亿度（中华人民共和国国家统计局，2011），其中来自可再生能源的电力 7645.4 亿度（EIA，2011），约占 18.2%。

中国持续多年的电力建设使 95% 以上的城乡居民有电供应。"十一五"期间（2006—2010）全国电力装机总量从 2005 年底的 5.1 亿千瓦增加到 9.6 亿千瓦，五年的电力投资总额超过 3 万亿元。多年来，中国国内城乡民用电价存在差异。农村民用电价水平高于同一区域的城市居民所支付的电价水平，这一城乡差异一定程度上反映出政府和电网企业过分强调电力输送的经济成本，却忽视电力消费的社会公平问题。从 2006 年开始，中国政府开始着力解决城乡电价差异问题。随着越来越多的省份采用统一城乡民用电价的政策，农民的电费支出负担有所缓解。

快速发展的能源生产和供应，也为中国的可持续发展带来众多的挑战和问题。首先是气候变化问题。以煤炭为主的中国能源系统碳排放居高不下，并在 2007 年成为世界上排放温室气体最多的国家（IEA，2007）。未来 20 年，尽管煤炭在一次能源消费中的比重会降低，但其作为主导能源的角色难有根本改变。作为世界第二大经济体，尽管中国仍为发展中国家，但在减少温室气体排放上面临的国际压力会持续增加。其次，由于煤炭和石油的大量消费会造成严重的环境污染，化石能源使用的外部成本相当惊人。根据一项多家机构合作完成的报告，中国煤炭利用的环境和社会外部成本高达 1.7 万亿人民币（茅于轼等，2008），相当于 2006 年中国 GDP 的 7.1%。第三，中国能源工业过去 20 年规模发展领先世界，但单位国内生产总值（GDP）的能耗水平却远高于世界平均水平（IEA，2011）。造成这种情况的主要原因之一是经济结构中重工业比重过高。工业企业是中国电力最大的消费者，2011 年占到电力总消费的 75%，相比之下，第三产业占 10.8%，城乡居民用电占 12%，农业用电仅占到 2.2%（中国电力企业联合会，2012）。因此政府在"十一五"计划中强调优化经济结构、提高能源效率，颁布强制性的降低 GDP 能耗强度的控制目标，并积极推动以风电、太阳能发电为代表的可再生能源发展。第四，中国已经成为以风能和太阳能为代表的可再生能源的全球主要市场，但在可再生能源技术创新方面仍落后于欧美等发达国家。2003—2006 年，多数中国风机制造企业都是通过许可证授权方式进入市场，并很快在 2009 年就占有了国内风机制造业一半以上的份额。然而风机制造领域的关键技术仍然掌握在丹麦、德国、美国等发达国家企业的手中，中国风电的自主研发能力仍待大幅提升。中国能源变革面对的第五个挑战是电网改革。居于垄断地位的国家电网和南方电网两大国有企业对于建设可再生发电为主、分布式能源供应的未来电网系统缺少动力。在市场准入方面，代表未来电网发展方向的智能电网，也面临电网服务垄断局面带来的负面影响。

中国能源行业在能效提高、市场改革和低碳技术发展上仍面临很多挑战，这些问题的解决关系到能源行业内的一些深层次体制变革。此外，能源决策过程中缺乏公众参与的状况也增加了能源政策低效的风险。决策机制、行业改革、技术创新等问题彼此纠结、影响，使能源问题成为中国实现可持续发展和绿色经济转型过程中面临的最大和最复杂的挑战，解决这些问题需要有立足长远的政治眼光和果断坚决的执行力。

中国政府设定了到 2020 年非化石能源消费要占到能源总消费 15% 的目标，然而众多专家认为中国碳排放的峰值最早可能出现在 2030 年。

二、中国能源改革面临的挑战

逐渐开放的中国能源行业仍然面临很多挑战，例如，能源决策如何使公众有效参与，如何提高能效以使社会经济和环境共同受益，怎样的政策才能促进世界水平的可再生能源技术创新，如何改革电网来推动低碳能源的普及和分布式能源系统的发展等，下面来逐一分析这些挑战。

（1）能源决策的公众参与：有待机制保障

中国能源政策的决策机制还没有发生根本性变化，虽然决策者开始注意到公民团体的意见，并尝试展开交流，听取意见，但决策权仍掌握在以国家发改委为首的政府部门手中。作为能源终端消费者的公民和企业（这里不包括国有大型能源企业）难以在能源政策制定过程中有效参与。例如，在电价和汽油价格制定问题上，面对政府行政指令和国有石化企业主导的模式，普通消费者没有平等、有效的平台和空间做出回应，影响结果。

面对相对封闭的中国能源决策机制，接受采访的某能源政策研究机构的专家和一些民间环保机构的工作人员都表示，政府和民间机构在能源政策研究和能源行业发展评价方面的沟通和交流是有益的，可以增强彼此的信任，但也都承认公众参与能源决策的机制并没有建立。由此来看，应该建立必要的决策参与保障机制，而不是使政府与民间机构和公众的交流变成领导接见的恳谈会。政府决策者对于公众在政策上的意见和建议，无论是反对和赞成，皆应公开回应，并解释回应背后的理由，从而使参与过程公开、透明、有效、可监督。其他利益相关人也可由此介入讨论,进而逐渐形成公共讨论的平台,对决策发生积极良性影响。

2012 年 5 月,一些省市就拟推行的居民生活用电阶梯电价政策进行公开听证会,这是一次民间参与讨论电价的机会。听证会全程应完全公开,听证会上的讨论应基于透明的信息和理性的分析,在听取正反不同意见的基础上去考量和选择方案。为了让政策公正、合理、有效,政府颁布的任何重大能源决策须在公众舆论层面进行认真讨论和充分分析,努力降低损害公众利益、影响社会公正公平的政策出台的风险。

(2) 能效提高的途径:增加投资

为了提高能效,中国必须提高能效投资的力度和合理利用价格杠杆,并建立恰当的机制来实现能源效率的有效和合理定价。在此着重讨论能效投资。

提高能源利用效率可以减少能源需求、提高环境质量、提升经济竞争力和保障能源安全(IEA, 2006)。受访者都认同能效的多重正面效应,但对中国近 10 年来能效未升反降的原因有不同的看法。1980—2000 年,中国的一次能源消费增长了 1 倍,而 GDP 增加了 5 倍(EIA,2007)。2000 年以来,中国的能源消费增长惊人,GDP 能耗强度却不降反升。国家发改委能源所的一位研究员认为,单位 GDP 能耗强度居高不下的主要原因是经济结构中重工业比重在"十五"期间(2001—2005)的迅速增长。我们认为能效投资不足也是主要原因之一。中国在发电站和电网建设上的投资远远大于在能效方面的投资。2000—2006 年,电站和电网投资占能源总投资的比例始终在 70%～80% 之间(Ni, 2009),以 2006 年为例,电站和电网投资达到 5230 亿元(中国电力企业联合会,2007)。政府在节能方面的投资占所有能源投资的份额在 1996 年之后大幅下降,到 2003 年仅占到 4%(Lin, 2007)。

政府在"十一五"计划中设定了 20% 的能耗提升的目标,并在 2008 年实施的《节约能源法》中强调"节约和开发并举,把节约放在首位"的战略。近两年出台了一些价格调整的政策来降低快速增长的能源消费,例如,提高工业企业的用电价格,在城乡居民中推行阶梯电价。政府对能效的重视程度正在提高,能效投资也开始增加,但相比国家在新电站和电网建设方面的投资,能效投资所占比重仍然很少。2006—2011 年,中国每年新增装机都超过 9000 万千瓦,电源工程建设和电网建设始终在电力行业的投资中占绝对主导地位,仅 2011 年,二者投资总额分别达到人民币 3712 亿元和 3682 亿元。相对来说,2006—2010 年在控制单位 GDP 能耗目标的严格约束下,能效五年累计投资达到新高,总额达人民币 8466 亿元。但在这部分投资中,用于短期见效的能效项目的投资高达 95%,用于技术研发、推广、机构能力建设等可持续节能能力提高项目的投资比例仅占 5%(国家发改委能源所等,2011)。而这 5% 的投资却常常带来能效提高的长期效益。在"十二五"能效提高规划中,中央和地方政府期望投资 3200 亿元在能效领域,比"十一五"期间增加 113%,从而满足全社会在 2011—2015 年人民币 1.52 万亿元的能效投资需求;而且,其中用于能效提高的技术研发、能力建设的投资比例预计要提高到 15.4%(王尔德,2012)。这是改进中国能效投资效率的好迹象。如果未来几年的能效投资进展顺利,根据"十一五"的经验,完成"十二五"16% 的节能任务将顺理成章。

案例 1　26℃ 空调节能行动——民间团体在节能和能效提高方面的努力

　　2004 年和 2005 年夏,多家环境民间机构合作倡导通过自愿行为将夏季室内空调温度控制在 26℃ 或更高,旨在缓解因夏天增长的空调电力消费对电力系统造成的巨大压力。活动起初的倡导对象以高级宾馆和知名购物中心为主,因为这些场所夏季室内温度常常远低于 26℃,有的甚至低于 20℃。希望通过影响宾馆和购物中心进一步将夏季空调使用的行为改变拓展到普通市民当中。行动从北京开始,随着各地环保民间机构的加入,影响很快遍及全国。

　　活动旨在通过倡导一种新的行为习惯来缓解季节性电力负荷过高的问题,并使公众更加重视日常生活中节能习惯的养成。这项活动得到不同利益群体的支持,而且对政府决策产生了一定影响。2005 年,国务院颁布条令,要求政府部门和企事业单位等在夏季将公共建筑中的空调温度调至不能低于 26℃。这一夏季空调使用规范延续下来,成为应对电力短缺的一项重要节能举措,也逐渐成为许多人使用空调的习惯。此类通过改变人们能源使用的行为来缓解电力负荷过高、电力紧缺的行动,是民间环保机构可以深入发挥作用的领域。

　　(3) 增加可再生能源技术投资比重

　　自 2006 年《可再生能源法》实施以来,中国在可再生能源领域投资增长迅速,风电累计装机、太阳能光伏出货量和产能近年来处于全球领先的位置。2005 年以来,中国风电装机平均年增长率为 100%,2011 年,中国风电累计装机已经达到 62.4GW(GWEC,2012),稳居世界第一。中国的太阳能光伏行业的产能和年发货量自 2006 年以来位居世界第一(李俊峰等,2011)。2007 年以来,对可再生能源投资最多的三个国家和地区始终是中国、美国和欧洲。如表 2-1 所示,2012 年三个国家和地区更分别达到 666 亿美元、360 亿美元和 799 亿美元的投资水平。

表 2-1　可再生能源各主要投资国和地区的投资情况（单位：10^9 美元）

	2007	2008	2009	2010	2011	2012
美国	34.5	36.2	23.3	34.6	54.8	36
欧洲	61.7	72.9	74.7	101.3	112.3	79.9
中国	15.8	25.0	37.2	40.0	54.7	66.6
印度	6.3	5.2	4.4	8.7	13.0	6.5
巴西	10.3	12.5	7.9	7.9	8.6	5.4
全球	146.2	171.7	168.2	227.2	279	244.4

资料来源：UNEP,et al.,2013。

中国对可再生能源持续增加的投资虽然使中国成为可再生能源技术应用的大国,但并没有使中国成为可再生能源技术创新的强国。在全球范围内掌握可再生能源最前沿技术的企业仍然来自欧美发达国家,如德国、丹麦、美国和日本。受访的一位政府政策研究机构的专家认为,在可再生能源发展的起步阶段迅速培育市场,待市场逐渐成熟、规模效应显露时,市场会通过优胜劣汰的机制,使势力更强的企业占据竞争优势地位,经过一番洗牌,市场自然会从先前的重视规模数量的阶段进入重视质量和技术创新的阶段。但这种先做大再做强的模式值得商榷。在中国,企业经营受监管和政策的影响非常大,中国能源市场的自由竞争度还相当有限,市场自身的调节功能无法充分发挥,当政策导向主要集中于规模增长、速度推进时,企业将满足于投资带来的短期效益,而忽视那些能带来长期效益的技术研发和创新,企业不愿"放长线钓大鱼",更乐于做"立竿见影"的项目。当激励技术创新的政策出台时,企业自身创新能力不足的问题又显现出来,毕竟大到一个国家,小到一个行业或者一家企业,创新能力需要在一个相当长的时期内耐心培育方能结出成果,而这个时期常常需要十几年、几十年的时间。

中国政府和企业对可再生能源技术研发投资重视程度与发达国家,特别是与美国,仍然差距明显,这或许是全球可再生能源前沿技术主要掌握在欧美发达国家手里的重要原因之一。如表 2-2 所示,2010—2012 年,中国、美国和欧洲用于可再生能源技术研发投资的绝对量差距在缩小,但占可再生能源总投资的比例却相差较大。三年中,中国和美国的投资比例都在下降,但美国仍将对技术研发投资的比例保持在 5% 左右的高水平,2012 年几乎是中国的两倍。欧洲的特点是先降后升,2012 年达到 4.1%。

表 2-2　中国、美国和欧洲用于可再生能源技术研发的投资及占总投资的比例(10^9 美元)

	2010		2011		2012	
	投资额	占总投资的比例/(%)	投资额	占总投资的比例/(%)	投资额	占总投资的比例/(%)
中国	1.6	4.0	1.6	2.9	1.9	2.8
美国	2.3	6.6	2.3	4.2	1.8	5
欧洲	2.7	2.7	2.3	2	3.3	4.1

数据来源：UNEP,et al.,(2011,2012,2013)及本文计算。

　　活跃的技术创新活动需要政府确保公平、自由、竞争的市场环境，使私人资本和国外资本享受同国有资本同等的竞争环境和条件，在政府提供的一揽子财政、金融激励政策中，加大对可再生能源技术创新投资的力度，使私人资本、国外资本和国有资本在技术创新投资上享受类似的政策优惠，通过竞争来提升技术创新投资的效益和质量。中国在创造这样的政策环境方面仍然有很大的空间。

案例 2　风机制造技术与市场份额：哪种观点更有说服力

　　外资风机制造商 2007—2010 年在中国的市场份额从 42%（Windpower Intelligence，2011）锐减到 14.5%（UNEP,et al.,2011）。对于这一市场份额变化的解读有两种不同的意见。意见 A 认为，中国风机制造商的技术实力实现了跨越，可以制造出质量与外资品牌风机不相上下、价格又明显低于对方的所谓"物美价廉"的产品。意见 B 认为，中国品牌在市场竞争中很快取得优势，主要是因为政府有倾向性地支持国内风机企业的各种优惠政策，如风机国产化比例、财政补贴、税收减免等；其次，风电开发市场基本被国有大中型发电企业把控，缺少多样化主体，特别是缺少外资开发企业的竞争，国内开发商更重视风机的成本，而对风机全生命周期的产出影响最突出的风机质量这一因素重视程度较低，在风机选择上比较倾向于有价格优势的国内品牌。外资品牌的风机在质量上还是有比较明显的优势，比如在低电压穿越技术和可利用率等指标上。目前中国风机制造商正在努力开拓国际市场，也获得了不少海外订单，但是要使中国品牌的风机在欧洲、北美风电市场有较强的竞争力，还要付出辛苦努力。

---

　　(4) 电网改革：将智能电网的发展放在重要位置

　　电网改革应促进以用户端需求为导向的智能电网发展、提高可再生能源渗透率和推动分布式能源广泛应用。电网改革是中国电力行业变革的难点，因为输配电环节的寡头垄断形成了改革的主要阻力。发达国家电力行业改革的经验说明，一个开放的、有竞争的电网市场会给经济社会带来多重正效益，例如成本节约、效率提高和对社会和环境负面影响减小。对于有自然垄断特性的电网行业，监管者须加大监管透明度，严格控制电网企业利润水平，透过有公众监督的各种手段来提高电网企业运营效率，关键是以全社会的利益为出发点，彻底解放现有电网管理机制对能效技术应用、能源服务创新和开放、互动及环境友好的智能电网发展的束缚。

　　不断发展的可再生能源电力对电网的开放性、灵活性、互动性和友好接入性都提出了更高要求。世界各国正在开发、试验和示范能满足未来社会经济发展的智能电网系统。因为智能电网是一个包括信息与传播技术以及发电、输配电和终端用户技术在内的集成系统，智能电网给电力系统中的每一个角色提供了灵活、自由的选择。例如，各种可再生能源发电系统和储能系统可以和电网无缝连接，电力输配可以对用电端和发电端的变化做出及时响应，系统安全性大大提高；用电端可以管理自己的使用习惯，并选择经济上最有效的能源服务。由于智能电网的发展仍处于初期阶段，全球还没有一个统一标准。北美、欧洲、中国和印度都在探索适合各自特点的智能电网模式。欧美国家强调以用户需求为核心的分布式服务模式，中国和印度强调以大容量、远距离安全传输为重点的模式。显然前一种模式更符合开放、互动和环境友好的未来智能电网模式。

　　当中国在特高压输电线路建设上取得巨大成果之时，欧美在未来智能电网技术标准设计中已领先一步。标准的制定是掌握未来产业发展主动权的重要一步。2009 年 6 月美国国家标准和技术研究所依据美国电力科学研究院的报告（EPRI，2009）公布了关于智能电网交互运行能力的技术路线图，为了使智能电网的技术标准有较高的兼容性，路线图中 80% 的技术标准都采用了现有的技术标准。

　　中国在智能电网模式设定的国际交流和竞争中未占先机。但中国可以在国内培育一个有利于智能电网发展的政策和监管框架，强调市场的规范和自由竞争。根据 RAP（2009），利于智能电网发展的政策选择包括：极端重视能效，为能效项目提供合适的价格信号；重视分布式能源发展；重新思考并网和能源定价政策来应对长期的气候和能源挑战，即提供有利于可再生能源的市场环境；采用可再生能源发展配额制。显然，中国在可再生能源电力并网、分布式能源发展和能效等方面都面临政策不到位的情况。每年数以千亿计的能源电力投资流向大容量电网传输设施和新电厂建设，而相比之下，与智能电网相关的技术投资不足。

　　欧美发达国家在智能能源技术（energy-smart technologies，简称 EST）①方面的投资全球领先。在 2010 和 2011 年分别达到 230 亿美元和 190 亿美元。欧美发达国家所占份额接近或超过 90%，中国在这方面的投资虽然自 2008 年以来有所增加，但仍然占比很低。

---

　　①　EST 包括四类能源技术和产品：数字能源产品（智能电表，家庭能源管理系统，能源优化管理软件等），储能设备（如燃料电池，飞轮等），能效技术（如需求响应，LED 照明）和先进交通工具（如电动车和混合动力汽车）。

(5) 中国能源变革：以国内改革为前提,承担国际能源低碳转型的责任

随着全球经济日益融合,国际社会应对气候变化举措继续深入,以及中国社会发展绿色经济意愿的不断加强,中国发展以可再生能源为主的能源系统势在必行。在此过程中,中国除了要面对工业化、城市化进程加快,能源需求日益增长的国内问题,也在面临着各种国际挑战,例如,能源资源贸易安全、中国海外能源投资给当地社会带来的社会经济和生态环境的影响、国际技术转移等等。

中国能源行业未来会愈加融入国际市场,特别是在石油对外依存度持续提高,能源技术转移需求增强,中国对国际能源价格的影响力加大的情况下。同时,无论中国是在 2030 年还是在 2040 年达到碳排放的峰值,国际社会要求中国减少温室气体排放的压力都会逐渐增大。作为全球最大的一次能源消费国,中国在很大的程度上承担着全球能源变革的责任。2006—2010 年中国在能耗降低方面已经做出努力,并为未来五年已经设定了新的 GDP 能耗强度减少目标。但是,如果要在30～40 年内实现一个低碳、高效和清洁的能源系统,中国在可持续能源变革的道路上仍须做出更为积极和有效的行动,在国内清除包括在决策层面和电网改革领域内的各种关键障碍;在国际上加强能源技术合作和政策交流,唯此,中国将有望成为通过能源系统改革来推进绿色经济转型的全球决定力量之一;否则,不仅中国实现低碳经济发展可能成为空谈,全球绿色经济发展的蓝图也将受到严重影响。

三、政策建议

能源虽然是国民经济体系中最为复杂的一个行业,但在理性分析和公开讨论的基础上形成的政策改革方案,仍然可以为其提供一个能够平衡各方利益和降低或规避各种风险的改革路线图。从政府的角度来说,公正监管、透明行政是目标;对企业而言,追求利润最大化的同时应平衡社会和环境的影响,并着眼于长远的技术创新;对于 NGO,可持续发展和长远的环境和社会利益当是决定行动纲领的基本出发点,同时应积极寻求在目前社会体制下参与决策的最大的可能性。

基于前面的分析,我们提出如下政策建议:

① 提供有效的机制使公众能够参与能源政策的制定,使能源决策公开、透明;

② 改变能源投资思路,提供财政激励,明确价格信号,扫除障碍,实现能效最大化;

③ 在能源定价中,将不同能源利用的外部成本内部化,使可再生能源与化石能源相比在成本上有竞争力;

④ 通过建立有效的财政支持和融资机制,促进可再生能源技术研发投入,激发可再生能源领域的技术创新;

⑤ 改革电网,建设一个开放、互动和环境友好的电网系统,从而为智能电网、可再生能源、分布式能源系统和能效的发展铺平道路。

四、小结

本章简要回顾了中国能源行业 20 年发展所取得的成绩,以能源决策的公众参与、能效、可再生能源技术创新和电网改革等四个问题为着眼点,讨论实现中国能源的可持续发展应遵循的政策路径。这些政策的选择必定是艰难的,但对中国的社会经济走向可持续发展会带来积极深远的影响。

所有被访谈人在肯定中国能源行业过去 30 年的巨大发展的同时,也对目前面临的挑战表示了担忧。我们认为,从长远的制度建设的角度来看,中国的能源行业距离可持续发展的方向并没有拉近,在有利于能源行业可持续发展的体制安排上,欠账很多。展望下一个 20～30 年,如果中国在打破电网市场垄断、改善市场环境、促进可再生能源技术创新、提供政策激励、发挥能效潜力和民主透明决策等方面积极有为,中国的能源行业发展将有根本的转变,而这一转变将给全球可持续发展带来巨大推动和帮助,否则,我们将使后代应对未来的环境和经济挑战所付出的代价更加高昂。

赵昂　从事中国环境和能源政策倡导和研究工作,现就职于磐石环境和能源研究所。

参考文献

1. 鲍丹. 2010. 发改委:我国可再生能源占一次能源比重达 9%. 人民日报,2010-05-09.

2. 国家发改委能源所,中国能源研究会. 2011. 中国能效投资进展报告 2010. 北京:中国科技出版社.

3. 李俊峰等. 2011. 风格无限:中国风电发展报告 2011. 北京:中国环境科学出版社. 57.

4. 茅于轼,盛洪,杨富强. 2008. 煤炭的真实成本. 北京:煤炭工业出版社.

5. 王尔德. "十二五"中国能效投资需求翻倍. 21 世纪经济报道,2012-02-14.

6. 中华人民共和国国家统计局,1993,《中华人民共和国 1992 年国民经济和社会发展统计公报》. 北京.

7. 中华人民共和国国家统计局,中华人民共和国 2011 年国民经济和社会发展统计公报. (2012-02-22) http://www.stats.gov.cn/tigb/ndtigb/qgndtjbg/t20120222-402786440.htm.

8. 《中国电力年鉴》编委会. 2003. 中国电力年鉴 2002. 北京:中国电力出版社.

9. 中国电力企业联合会. 2007.《全国电力工业统计快报》. (2010-11-29) [2012-04-03] http://tj.cec.org.cn/tongji/niandushuju/2010—11—29/36284.html.

10. 中国电力企业联合会. 全国电力工业统计快报. (2012-01-13) [2010-04-03] http://tj.cec.org.cn/tongji/niandushuju/2012—01—13/78769.html.

11. Energy Information Administration. 2007. International Energy Annual 2005. Washington.

12. Energy Information Administration. 2011. International Energy Statistics. Washington.

13. Energy Information Administration. 2012. U. S. Electricity Database. Washington.

14. Electric Power Research Institute. 2009. Report to NIST on the Smart Grid Interoperability Standards Roadmap. The National Institute of Standards and Technology.

15. Global Wind Energy Council & Greenpeace. 2012. Global Wind Energy Outlook 2012, 23.

16. International Energy Agency (IEA). 2006. China's Power Sector Reforms: Where to Next? Paris: OECD Press.

17. International Energy Agency. 2007. World Energy Outlook 2007. Paris: OECD Press.

18. International Energy Agency. 2011. Key World Energy Statistics. Paris: OECD Press.

19. Ni Chunchun. 2009. China Energy Primer. Lawrence Berkeley National Laboratory, 185.

20. Regulatory Assistance Project. 2009. Smart grid or smart policies: which comes first?. (2009-07) http://www. smartgnd. gov/document/issuesletter-smart-grid-or-smart-cies-which-comes-first.

21. United Nations Environment Programme (UNEP). 2010. Green Economy: a brief for policymakers on the Green Economy and Millennium Development Goals.

22. United Nations Environment Programme & Bloomberg New Energy Finance. 2011. Global Trends in Renewable Energy Investment 2011. Frankfurt.

23. United Nations Environment Programme & Bloomberg New Energy Finance. 2013. Global Trends in Renewable Energy Investment 2013. Frankfurt.

24. Windpower Intelligence. 2010. China Investment Report 2010—2015. London.

第三章　水资源管理：机制改革和有效执行

摘要

随着人口增长和社会经济的发展，尤其是工业化、城镇化的快速发展，中国水资源供需矛盾日益明显。经济社会发展在加剧水危机的同时，反过来也受到水资源短缺的严重制约，这种制约在近十年来不断显现。本章分析中国水资源管理面临的主要问题及这些问题背后的原因，并结合水资源可持续利用的要求和原则，提出了如下政策建议：加强体制完善于政策实施；加快运用市场工具；促进水利、水电工程的可持续建设；加强水资源管理的公众参与。

大事记

- 1992 年，淮河水污染事件导致百万民众饮水告急；第七届全国人民代表大会第五次会议通过《关于兴建长江三峡工程的决议》。
- 1993 年，国务院颁布《取水许可制度实施办法》，开始采用取水许可制度管理水资源。
- 1994 年，长江三峡水利枢纽工程开工；黄河小浪底水利枢纽工程开工。
- 1997 年，《防洪法》由全国人大常委会审议通过。
- 1998 年，长江、嫩江、松花江发生特大洪水。
- 修订后的《中华人民共和国水法》颁布施行。
- 2007 年，太湖由于蓝藻爆发引发大面积水污染；国家环保总局对长江、黄河、淮河、海河四大流域水污染严重、环境违法问题突出的相关地区实行

"流域限批"。

- 2008 年,全国人大通过修订的《中华人民共和国水污染防治法》,强调确保饮用水安全,确立对重点水污染物排放实行总量控制的制度,全面推行排污许可制度。

- 2010 年,福建汀江受紫金矿业影响发生严重污染事件;松花江受中国石油吉林石化公司爆炸事故影响发生重大水污染事件。

- 2012 年,国务院出台《关于实行最严格水资源管理制度的意见》。

一、综述

中国的可再生水资源总量约为每年 2.8 万亿立方米,位居世界第六,年人均水资源拥有量 2007 年估计为 2151 立方米,是世界平均水平年 8549 立方米的 1/4(世界银行,2010)。自 20 世纪 80 年代改革开放以来,中国建成了世界上规模最大的江河治理和水资源开发利用工程体系,解决了 3 亿多农村人口的饮水安全问题,实现了联合国水与卫生千年发展目标;以年均 1% 的用水低增长支撑了年均近 10% 的经济高速增长,在农业用水保持零增长的情况下,粮食产量提高了近 78%,实现了 2004 年以来的八连增。中国以占世界 6% 的淡水资源和 9% 的耕地,保障了占世界 21% 人口的粮食安全、饮水安全和经济发展(陈雷,2012)。

中国社会经济的快速发展对水资源利用和管理方式提出巨大挑战。据《全国水资源调查评价》,20 世纪 80 年代以来,在中国北方地区调查的 514 条河流中,有 49 条河流发生断流,其断流河段长度总计达到 7428 千米。20 世纪 50 年代以来,全国面积大于 10 平方千米的 635 个湖泊中,有 231 个湖泊发生不同程度的萎缩,其中干涸湖泊 89 个;湖泊总萎缩面积约 1.38 万平方千米(含干涸面积 0.43 万平方千米),约占现有湖泊面积 7.7 万平方千米的 18%,湖泊储水量减少(不含干涸湖泊)517 亿立方米;全国天然陆域湿地面积减少了约 28%,生物多样性受到威胁。

在水量不断减少的同时,水污染造成的环境恶化自 90 年代起也日益加剧。由于大量工农业及生活污水没有得到有效处理,直接排放到天然河流,导致水环境恶化,使传统上并不缺水的南方地区也出现了大量水质性缺水的现象。尽管工程性缺水的情况依然广泛存在,但中国政府和民间环保工作者均意识到,水质性缺水的现象尤其需要引起关注。

中国整体水危机的加剧与中国近些年一些地方政府"唯 GDP 至上"的发展思维不无关联,也与管理不善、政策落实不畅、监管不力、公共参与度低等因素有直接关系。虽然在过去 20 年里，中国涉水相关的法律法规和政策不断完善，尤其是积极推动了基于市场的政策工具和管理手段的试点示范，但整体而言，在政策的落实方面仍存在问题。这一方面是由于各级政府长期过于偏重经济发展而缺乏对环境保护的重视，另一方面也在一定程度上归因于管理体制不够完善。目前的管理体制普遍存在多头管理、地区分割等弊端，这导致不同部门和地区更多地追求本地经济利益，忽视对水资源的开发和治理做到长远规划、综合利用。

近年来，中央政府加大了对水资源综合管理的重视，制定了长期发展规划，尤其是 2011 年出台了"最严格的水资源管理制度"，但在制度的执行和多部门的协调方面能否取得实质进展，仍需观望；同时，这也将直接影响中国生态文明建设和绿色转型的发展进度。

公众参与水资源管理能有效加强国家政策的落实与监管，促进水资源的可持续利用与管理。近 20 年来，公众与民间团体对于中国水资源管理的参与度不断提升，尤其在水污染治理、水利水电工程对环境生态的影响、相关法律纠纷以及公众宣传等领域，民间社会团体发挥了越来越重要的作用。但同时，由于受到政府信息公开度有限、公众知情权得不到有效保障等因素的制约，公众参与水资源管理还有待大幅度加强。

二、中国水资源管理的挑战

中国的经济快速发展的背后是对水、能源等自然资源的大量消耗。中国水资源缺乏以及水环境恶化的趋势也在过去 20 年中突出显现，并成为中国经济进一步发展的一个主要瓶颈。

(1) 工业化和城镇化加剧了水资源短缺

中国的人口从 1990 年的 11.3 亿增长到 2010 年的 13.4 亿 (中华人民共和国国家统计局，2002，2011)；中国的工业化进程也在急速加快，尤其是高资源消耗率的产业快速发展，目前钢铁、水泥等高污染行业的规模均居世界首位。城镇化率从 1990 年的 26% 达到 2011 年的 51.27% (广州日报，2012)。这三大要素加剧了中国的水资源短缺。

从 1980 年到 2007 年，中国用水量的增长主要来自于工业用水和城镇生活用水。生活用水量占总用水量的比重从 1980 年的 1.5% 增长到 2007 年的 12.2%。同期，工业用水量的比重从 10.2% 增长到 24.1% (表 3-1)。

表 3-1　不同年份中国用水总量及其构成

年份	1949	1959	1965	1980	1993	2000	2007
人口 /10^8	5.5	6.5	7.4	9.8	11.7	12.9	13.2
用水总量 /10^8 m^3	1031	2048	2744	4437	5198	5498	5819
人均用水量 /m^3	187	315	370	452	444	430	442
生活用水量 /10^8 m^3	6	14	18	68	237	284	710
工业用水量 /10^8 m^3	24	96	181	457	906	1139	1402
农业用水量 /10^8 m^3	1001	1938	2545	3912	4055	4075	3602

数据来源：根据历年《中国水资源公报》整理。

　　中国政府在过去 10 年中，加大了限制高污染、高排放行业发展的力度，逐步淘汰了一些落后产能，并关闭了生产力低下的中小企业。但目前工业水污染在全国仍然普遍存在，工业废水的排放仍然是水资源治理的顽疾。在城镇化方面，中央政府在 2011 年确定的《"十二五"规划纲要》中提到，要积极稳妥地推进城镇化。但城镇化带来的环境压力却不能不引起我们的关注。

　　经济社会发展引起水危机加剧的同时，反过来也受到了水资源短缺的严重制约，而这种制约在近 10 年来日益明显。

　　目前，中国每年有约 250 亿立方米的水因受污染而不能使用，成为用水需求得不到满足和地下水过度开采的部分原因。470 亿立方米未达到质量标准的水被供给居民家庭、工业和农业使用，导致相应的损害成本上升。另有 240 亿立方米超出可补充量的地下水被开采，造成地下水透支利用（世界银行，2010）。

　　虽然水利部副部长矫勇表示，中国从水资源的总量上能够保证经济社会的稳定发展、可持续发展（矫勇，2011），但整体上的水资源危机所造成的损失却不可避免地要消减经济发展的成果。全国政协人口资源环境委员会副主任、原国家环保总局副局长王玉庆认为，环境损失占中国 GDP 的比重可能达到 5% 至 6%。2011年中国 GDP 为 47 万亿多，据此折算，环境污染造成损失将达到 2.35 万亿至 2.82万亿元，也就是超过 2 万亿元（中国新闻网，2012）。

　　以中国最具代表性的经济发达地区——长江三角洲和珠江三角洲——为例，水危机已经严重威胁了当地的经济和社会发展，水体由于受到大量工业污染而无法使用，导致工农业、生活以及生态用水曾一度达不到保障。尽管近几年当地政府采取了多种水治理措施，用水危机得到部分缓解，但相应的治理成本也显著增长。有些地区则不得不采取间歇性停水的措施来缓解水量不足的压力。

　　大量民间组织亦关注水资源问题。水资源危机给居民的饮水安全和身体健康以及生态环境构成了极大的威胁，例如，2005 年松花江水体污染、2007 年太湖蓝藻污染、2009 年湘江重金属水污染、2012 年广西龙江镉污染以及其他地区不时出现的水污染事件都对当地居民的生活用水造成了严重影响。同时，环保 NGO 也认为，经济社会对水资源需求量的快速增长已经严重挤占了生态环境的用水需求，造成湖泊干涸、湿地退化、地下水透支开采等问题；同时，水污染加剧造成水体富营养化，水生生态受到破坏，水生物种面临严重威胁。

（2）多头治理水资源的管理体制需要改革

中国水资源管理体制的一个显著特征是条块分割、主管部门分散。目前，水量和水质分别属于水利部门和环保部门管理，其他涉水领域，如湿地属于林业部门管理，渔业属于农业部门管理。这种分散管理的模式不仅增加了管理成本，也不利于各管理部门间协调。例如，在水资源信息采集和编制口径方面，各部门往往不一致，限制了信息的共享；在监管方面，各部门又难以做到统一协调，严重影响了监管效率。

在流域管理层面，尽管目前七大流域都建立了流域管理机构，隶属于水利部，但是，在实际操作中，这些机构的管理权力通常有限，无法有效协调相关省市的利益，难以统筹实施流域综合管理。

目前的这种管理体制给社会的水资源管理带来诸多困难。企业在涉水相关的管理方面，需要与多个政府部门进行合作，且不同部门的要求有时会有重叠甚至冲突，这无疑增加了企业的水管理工作难度和成本。公众和民间组织在参与水管理过程中也需要与不同部门分别沟通，有时会出现各部门相互推诿的情况，这给公众参与增加了障碍。

水资源管理体制改革的主要障碍在于不同主管部门仅关注自身的业务领域，缺乏全局观念；而且改革会削弱一部分政府部门的权力，影响了这些部门的改革积极性；同时，在中央层面又缺乏统一的、强有力的协调机构，致使"九龙治水"的局面长期以来得不到有效改善。

显然，水资源"多头管理"的模式不利于整个社会的绿色转型，这增加了水资源管理各部门与其他部门的协调难度。绿色转型本身涉及社会的方方面面，如果在水资源管理方面没有一个统一的管理机构，那么各部门的合作效率将降低，也难以实施统一、有效的监督管理。

（3）政策落实不畅亟须解决

政策的执行效果不佳是中国出现水资源危机的一个主要原因。尽管中国有众多与水相关的法律，如《中华人民共和国水法》(2002 年修订)、《中华人民共和国水土保持法》(1991 年)、《中华人民共和国防洪法》(1997 年)和《中华人民共和国水污染防治法》(2008 年第二次修订)，以及《环境保护法》、《环境影响评价法》等。2012

年 2 月,中国国务院又出台《关于实行最严格水资源管理制度的意见》[①]。但许多水污染防治计划目标没有实现,中国在国家、地方和流域层面都制订了水污染防治计划。但许多计划都未能按时实现其水质和污染控制目标。例如,淮河流域是中国制定和实施水污染防治规划的第一个流域。但其在"五年规划"中制定的水质和排放总量控制的阶段性目标都未能实现。如"九五"计划制定的水质目标是到 2000 年全部干流达到三类水标准。然而,到 2005 年,该流域内 80% 的国控断面的水质仍是四类或四类以上(世界银行,2010)。

《环境影响评价法》规定,重大项目在立项之前均需要进行环境影响评价,未通过评价的一律不能建设。但实际情况是,在很多地方出现了未通过评价仍强行建设或先建设后补做环境评价的案例。而且有些项目存在的现象是,环境影响评价只是流于形式,并未真正达到相关指标的要求。

出现以上现象的原因有多方面。一部分人认为,中国目前正处于发展阶段,对于环境保护的认识还不够深入,同时也缺乏环境治理的经验和资金。比如,在污水处理设备的建设方面,目前还缺乏足够的资金投入和运营管理经验。但是,有民间环保组织提出了其他方面的原因。一个被普遍提及的原因是,经济发展是过去十几年来中国各级政府最关注的领域,也是政绩考核的最主要指标,而环保问题往往因此被迫忽视。各级环保部门在执行相关法规时,不得不考虑来自经济发展方面的压力,当经济发展与环境保护发生冲突的时候,往往需要放弃环保的要求,这大大降低了环保法规的执行力度。尽管过去几年,中央政府也力图推行循环经济、绿色经济等可持续发展的理念,但在地方落实过程中并未取得很好效果。

2013 年 1 月,中国国务院批准实施《实行最严格水资源管理制度考核办法》(国务院,2013),对全国各地区落实"最严格水资源管理制度"的考核指标做了具体规定,这无疑将有利于加强政策的落实。但我们也注意到,在"考核办法"中,并没有在指标落实情况的奖惩办法中,做出详尽且严格的规定。根据以往的经验判断,这有可能为将来指标的落实与考核增加难度。

(4)公众参与有待加强

政策法规执行效果不佳的另外一个因素在于政策执行过程中缺少透明度、缺

---

① 《意见》制定了今后 20 年中国水资源管理的总体目标:到 2030 年全国用水总量控制在 7000 亿立方米以内;确立用水效率控制红线,到 2030 年用水效率达到或接近世界先进水平,万元工业增加值用水量(以 2000 年不变价计)降低到 40 立方米以下,农田灌溉水有效利用系数提高到 0.6 以上;确立水功能区限制纳污红线,到 2030 年主要污染物入河湖总量控制在水功能区纳污能力范围之内,水功能区水质达标率提高到 95% 以上(国务院,2012)。

少公众监督。虽然民间环保组织在这方面做了大量努力，但仍然步履艰难。

公众参与水资源管理在国际上有比较好的实践，在中国也有越来越多的案例出现。比如公众开始自发参与对水污染的监督，一些重大工程项目开始增加公众听证的环节，部分地区开始设立环境法庭，帮助普通民众处理环境污染相关的案件。一些具体案例包括：2005 年圆明园湖底防渗工程举行听证、2008 年阿海水电站的环境评价、2011 年鄱阳湖水利枢纽工程在论证过程中邀请 NGO 参与、2011 年自然之友对污染南盘江的两家云南企业发起诉讼等。

在环保组织深度参与水污染治理的监督中，公众环境研究中心的工作较为突出。他们通过制作在线中国水污染地图（http：//www.ipe.org.cm/)，收集各地企业污染水资源的信息进行公示，敦促企业加以改善。同时，公众环境研究中心联合其他地区的 NGO 和普通民众，共同监督各地的污染排放源，及时采集污染信息，并通过相关媒体进行报道，给污染企业形成强大压力。

水资源管理中的公众参与仍需不断加强。一方面，目前公众参与水资源管理的制度建设和具体实施还不完善。依据政策要求，实施水资源规划需要进行公众咨询，但实际操作中，普通利益相关者的利益诉求渠道还不够畅通透明，导致规划制定过程中实际的公众参与度很低。另外，在相关法规本身的制定过程中，也缺乏公众的参与。尽管这部分是由于目前公众的参与意识还较低，但与法规制定部门缺少主动宣传和激励措施也不无关系。另一方面，政府信息公开度不够。尽管各地环保主管部门在近些年已日益加大环境信息的公开力度，但目前关于水质影响以及污染源等方面的信息，社会公众还是无法轻易获取。社会环保机构和人士在要求取得这些信息的时候常无功而返，对于一些环境案件的取证也是异常艰难。

（5）全球视野下的中国水资源挑战

从国际范围来看，水资源管理已经从一个区域性议题逐渐演变为一个全球性议题。水资源短缺在全球范围内普遍存在，尤其对于广大发展中国家来说，水资源危机与经济社会发展的矛盾正不断显现。世界可持续发展的进程正受到水危机、粮食危机、能源危机等诸多挑战的交织考验。

中国目前作为世界第二大经济体，同时又拥有世界 21% 的人口，如何促进水资源的可持续利用与开发，保障经济社会的稳定发展，将不仅是中国面临的挑战，也是全球可持续发展的一个重要内容。同时，中国在该领域所取得的每一个进展和经验，也将对世界其他国家做出贡献。

在经历长期粗放式经济发展模式后，中国政府已经开始在研究并推动经济的绿色转型。从发达国家过去的经验看，绿色转型的重点不仅在于对发展模式和产业结构的优化调整,还在于对资源的可持续利用。作为支撑经济和社会发展的一个重要生产要素,水资源能否得到有效管理和高效利用,将在很大程度上决定中国绿色转型的进度。

中国政府已经确定了到 2030 年的水资源管理目标,但如何促进这些制度有效实施,并确保目标得以按时实现,将对中国的水资源管理改革以及经济发展模式转变提出挑战。

在流域水资源管理方面,中国已经逐步采用流域综合管理的理念来制定相关政策和实施框架,但需要强化流域管理机构与各级地方政府的协调机制建设,加强不同专业管理部门的合作,促进管理决策中的公众参与,并注重河流经济功能与生态服务功能的协调。同时,针对跨国界的国际河流的管理,还需要加强建立各利益相关国家共同参与的协调机制。

在水资源的调配和水污染的治理方面,如何有效运用基于市场的管理工具,加快水价改革、水权和排污权分配以及运用生态补偿等措施实施水资源综合管理,都将对政策制定者以及所有相关方提出挑战,也需要对现行的管理体制进行必要的改革。

在重大水利水电工程的建设方面,如何借鉴国际上在该领域已经开发的可持续发展框架,在中国加以实践并不断完善,同时加强不同利益相关方的参与,这些都需要中国的进一步探索,也需要各国家间的经验交流与合作。

三、政策建议

(1) 加强体制完善与政策实施

随着"最严格水资源管理制度"等相关涉水政策的出台,中国的水资源管理将进入一个全新阶段。但由于水资源的开发与利用牵涉到经济、社会发展的各个方面,且受到传统水资源管理体制的约束,各项涉水政策在执行过程中,势必将出现与其他经济社会政策相冲突的地方。因此,需要进一步践行流域综合管理的理念,完善涉水政策的落实机制,加强各主管部门的协调。尤其需要在中央和流域层面分别建立统筹机构,中央层面的统筹机构吸纳水利、环保、发改委、林业、农业等中央部门,流域层面的统筹机构吸纳流域内相关省份,从而打破部门界限、区域界限,形成水资源管理的共同决策、统一协调的机制。在政策实施方面,有必要采取"最严格"的管理办法,避免出现"时紧时松"的状况。同时,需要发挥地方的主动性和积极性,并对各地政策落实的经验和教训及时进行总结 。

（2）加快市场工具的运用

在推动相关涉水法律法规的同时，需要加快基于市场的管理制度和经济调节手段的推行。市场工具的运用对于长期依赖行政命令来进行水管理的中国来说尤其具有重要意义，它将有利于提高政策组合的多元化。在水价、水权和排污权的设计和实施方面，需要进一步分析社会不同部门用水量、排污量的需求，制定科学、合理的方案，加快交易市场的建立，以此鼓励用水效率的提高和污染的治理。在生态补偿机制设计方面，需要在目前普遍实行的政府财政转移支付形式的基础上，尝试更加基于市场化的补偿机制，确定合理的补偿主体和补偿量，并在补偿方和被补偿方之间建立直接的补偿关系。

（3）促进水利、水电工程的可持续建设

中国的水利、水电工程建设尽管在过去20年中取得了快速发展，但工程建设所引起的对环境的负面影响受到社会的广泛关注。考虑到中国在未来十年仍将大力发展该领域，且涉及的流域更加广泛，因此可持续的工程建设尤为重要。在水利工程建设方面，除综合考虑洪涝干旱以及气候变化等因素的影响，还需要加强环境流的研究与实践，促进江河湖库水系连通以提高河流的天然自我调节功能。在水电建设方面，需要引入可持续水电开发理念，减少工程对河流生态系统的影响，保证水生物种的正常洄游和繁殖，避免水电工程可能引起的河流消枯和鱼类灭绝。

（4）加强公众参与

公众参与对于水资源管理政策的制定和实施具有重要意义。虽然过去十几年里公众在参与中国水资源管理方面取得了进展，但障碍依然存在。未来，在相关涉水政策的制定过程中，需要更多引入公众参与，鼓励各方诉求的充分表达，以提高政策的科学合理性。同时在政策的落实过程中，充分保障公众参与监督的权益，并进一步促进政府信息公开，为公众参与提供便利条件和信息获取来源。

四、小结

本章回顾了过去20年来中国水资源管理的发展进程，并对管理体制、政策实施、公众参与、工程建设、市场机制等方面做了进一步分析。我们认为，中国在水资源开发与利用方面取得了较大进展，用有限的淡水资源支撑了近20年来年均10%的经济高速增长。但目前就中国的水资源管理整体而言，还难以满足可持续发展和绿色转型的要求。水资源短缺日益严重，工业化、城镇化发展所引起的用水需求量增长及污染加剧，使得水资源将难以维系目前的发展模式。中国政府已经制定了严格的水资源管理制度,这有助于促进水资源的可持续利用与开发。但如何完善现行的管理体制,确保政策的有效实施,以及如何加强涉水政策与其他经济社会政策的有机结合,将是未来中国可持续发展道路上的一个巨大挑战。

郑平　关注水资源管理、气候变化和能源议题,拥有多年在国际环保组织和商业机构工作的经验。

参考文献

1. 陈雷. 2012. 在"第六届世界水论坛水与绿色增长行动框架亚太地区分会"上的发言. 法国马赛. (2013-03) [2012-04-07] http://www. mwr. gov. cn/ztpd/2012ztbd/dljsjslt/zyjh/201203/t20120316_315731. html.

2. 广州日报. 中国城市化率达 51. 27%。让农民分享城市化收益. (2012-03-06) [2012-04-07]http://lianghui. people. com. cn/2012npc/GB/17300562. html.

3. 矫勇. 在"国务院新闻办公室就当前水利形势和水利'十二五'规划等方面情况举行新闻发布会"上的发言. (2011-10-12) [2012-04-07] http://www. mwr. gov. cn/hdpt/zxft/zxzb/slxs/zbzy/201110/t20111012_306526. html.

4. 世界银行. 解决中国水稀缺:关于水资源管理若干问题的建议——中文报告摘要. [2012-04-07] http://siteresources. worldbank. org/EXTNEWSCHINESE/Resources/3196537—1202098669693/water_report_Executive_Summary. doc.

5. 国家水利部. 2008. 全国水资源调查评价. 北京:[出版者不详].

6. 国家统计局. 2002. 全国人口普查公报. (2002-03-31) [2012-04-07]http://www. stats. gov. cn/tjgb/rkpcgb/qgrkpcgb/t20020331_15434. htm.

7. 国家统计局. 2010 年第六次全国人口普查主要数据公报(第 2 号). (2011-04-29) [2012-04-07] http://www. stats. gov. cn/tjgb/rkpcgb/qgrkpcgb/t20110429_402722510. htm.

8. 国务院. 国务院关于实行最严格水资源管理制度的意见. (2012-02-16) [2012-04-07] http://www. gov. cn/zwgk/2012-02/16/content_2067664. htm.

9. 国务院. 国务院办公厅关于印发实行最严格水资源管理制度考核办法的通知. (2013-01-07) [2013-09-26] http://szy. mwr. gov. cn/gzdt/201301/t20130107_336157. html.

10. 中国新闻网. 原环保总局副局长:去年中国环境污染损失超 2 万亿. (2012-03-13) [2012-04-07] http://politics. people. com. cn/GB/1027/17365248. html.

第四章 森林资源经营管理——社区林业的探索

摘要

　　森林资源作为一种战略自然资源,其可持续的管理方式对于一个探寻绿色转型的经济来说影响巨大。本章主要讨论社区林业在促进中国森林资源可持续管理过程中的作用。社区林业自 20 世纪 90 年代初引入中国后,经过 20 多年的实践已经取得了迅速的发展,并对中国的林业可持续发展产生了较大的影响。社区林业强调林业的发展应该建立在以社区为主体的林业经营制度、经营理念和经营技术的基础上。中国 60% 以上的林地为乡村集体所有,在中国森林资源总量不足、分布不均衡、社会需求量大和集体林改分权到户后权益主体更为分散的现实背景下,乡村在扩大森林面积、提高森林质量、增加森林碳储量等方面肩负着重要的历史使命。将社区林业纳入乡村可持续发展总体战略,通过建立以社区村民为主体的激励机制和社区林业的组织管理体系,完善社区林业外部发展环境,健全社区林业社会化服务体系,推动社区林业在中国的快速发展,最终达到林业可持续发展的宏观目标。

大事记

- 1991 年,社区林业理念引入到长江中上游防护林体系建设工程中,云南、四川开始了长达 10 年的社区群众参与森林经营的研究、试验、培训和推广等系列实践活动。

- 1995 年 3 月,《中国 21 世纪议程林业行动计划》发布,明确提出发展乡村林业,使农业和林业有机结合;利用有限的土地资源生产足够的产品,满足生产生活需要和增加经济收入。

- 1998 年 8 月,天然林资源保护工程启动。项目执行中,社区评估和参与式方法等理念得到应用。

- 1999 年,退耕还林工程开始试点,2002 年 1 月全面启动,同年 12 月,国务院颁布《退耕还林条例》,提出政策引导和农民自愿退耕相结合,强调退耕还林规划应考虑退耕农民长期的生计需要。

- 2003 年 6 月,中共中央国务院发布《关于加快林业发展的决定》,指出林业不仅要满足社会对木材等林产品的多样化需求,更要满足改善生态状况、保障国土生态安全的需要。要求采取多种形式发展社会造林。

- 2008 年 4 月 28 日,中央政治局会议研究部署推进集体林权制度改革,指出集体林权制度改革必须确保农民平等享有集体林地承包经营权,确保农民得实惠、生态受保护,确保农民的知情权、参与权、决策权,实现资源增长、农民增收、生态良好、林区和谐的目标。6 月,中共中央国务院发出《关于全面推进集体林权制度改革的意见》。

- 2009 年 6 月 22—23 日,新中国成立以来召开的首次中央林业工作会议指出,发展林业是实现科学发展的重大举措,是建设生态文明的首要任务,是应对气候变化的战略选择,是解决"三农"问题的重要途径。会议强调,全面推进集体林权制度改革,必须确保实现资源增长和农民增收两大基本目标,建立以家庭承包经营为基础的现代林业产权制度和支持林业发展的公共财政制度两项根本制度,必须坚持尊重农民意愿和依法办事两大重要原则。

- 2009 年 11 月,"应对气候变化林业行动计划"发布,强调坚持政府主导和社会参与相结合的基本原则。

- 2011 年,国家颁布实施的第二个十年造林绿化规划——《全国造林绿化规划纲要(2011—2020 年)》,明确进一步推进全社会办林业,全民搞绿化,促进生态改善、产业发展、经济增长、农民增收、社会和谐。

一、综述

第七次全国森林资源清查结果显示(图 4-1):全国森林面积 1.95 亿公顷,森林覆盖率 20.36%,森林蓄积 137.21 亿立方米;人工林保存面积 0.62 亿公顷,蓄积

19.61亿立方米。森林面积、森林蓄积面积与第四次全国森林资源清查结果相比分别增长了46.2%和35.4%（张敏等，2011）。

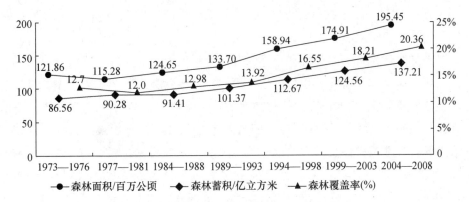

图 4-1　历次全国森林资源清查结果主要指标变化

（张敏等，2011.）

从联合国粮农组织（2011）发布的《2010年森林资源评估报告》来看，中国仍然是森林资源相对稀缺的国家，森林资源只占世界森林面积的5.1%和世界森林蓄积量的2.8%，森林覆盖率21.5%，低于世界平均水平（表5-4）。但中国在扭转全球森林资源持续减少、应对全球气候变化、保护生物多样性、维护能源生态安全等方面做出了重大的贡献，评估报告指出，"2005—2010年世界人工林面积每年增加约500万公顷，主要原因是中国近年来在无林地上实施了大面积造林"（表4-2）。

表 4-1　全球视角下的中国森林资源状况

区　域	森林面积/10³ 千公顷	森林蓄积量/百万立方米	森林覆盖率/(%)
全球	4 033 060	527 203	31.0
亚洲	592 512	53 685	18.6
中国	206 861	14 684	21.5
中国占全球比例	5.13	2.79	69.35

数据来源：联合国粮食及农业组织，2011。

表 4-2　全球1990—2010年森林面积变化（千公顷）

区域	1990 年	2000 年	2005 年	2010 年
全球	4 168 399	4 085 168	4 060 964	4 033 060
亚洲	576 110	570 164	584 048	592 521
中国	157 141	177 000	193 044	206 861

数据来源：联合国粮食及农业组织，2011。

在全国18138.09万公顷有林地面积中，集体林地占60.05%，个体经营的人工林、未成林造林地分别占全国的 59.21% 和 68.51%。作为经营主体的农户已经成为中国林业建设的骨干力量。在中国,集体所有的森林资源(包括个人所有的林木)是村社林业发展的基础,也是中国村社林业发展的结果(张蕾,狄升,1993)。

以木材生产为中心的传统林业不仅在很大程度上忽视了社区不同农户对森林资源的切实需求,同时,社区和村民也常常被排斥在森林经营的决策体系之外。在全球社会发展环境下,人们开始强化林业的社会作用,充分认识到单靠政府无法实现林业快速稳定的发展,还需注重社区群众参与和社区综合发展。社区林业以群众最广泛的自主性和自发参与性为特征,区别于一般意义上的林业(或称传统林业)。社区林业把解决森林可持续经营和乡村的可持续发展作为战略目标,贯彻"以人为本"的原则,强调群众参与的理念,发挥群众的主观能动性,采取自下而上和自上而下相结合的决策机制,注重社区对森林的多种需求和森林生态系统多重效益,重视乡土知识的应用和社区自我发展能力的提高,有利于改变传统林业的"粗放经营"和政府林业的"规模开发"方式,促进林业由单一木材生产为主向以生态建设为主转变,由政府林业向社会参与林业方向转变。

20 世纪 90 年代初期,中国开始在国家重点林业工程中进行社区林业项目试点探索。20 年来,社区林业伴随着林业重点生态工程项目和林业深化改革的进程,经历了社区林业项目为主的试验阶段、国外援助项目为主的推广阶段和国内项目为主的发展阶段。社区林业的理念已经得到广泛的认同和不断付诸实践,初步形成社区林业的教学、培训、项目实施、监测评估和推广应用体系。一大批学者和实践工作者结合国情、林情,围绕社区林业含义、本质特征、权属、参与式方法等进行了理论和实证研究,促进了社区林业的本土化,为中国社区林业未来长期的发展打下了稳固的基础。然而,社区林业体系尚不完善,还面临许多障碍和挑战。但社区林业作为村民自主参与林业生产、经营、管理的新型森林资源经营管理模式,强调人与自然的和谐,符合经济建设、人口增长与资源利用、生态环境保护相协调的可持续发展观,有助于中国经济绿色转型的推进。作为林业可持续发展的具体实践和行动,社区林业正逐步成为林业行业发展的主流。

二、社区林业实践探索

1. 社区林业在中国的发展

社区林业的概念和理论是 20 世纪 90 年代初期由中国的一些学者从国外引入

的,并在长江中上游防护林体系工程项目中开展了社区林业的试点示范,随后社区林业相关理念和方法、特别是参与式方法在天然林保护、重点防护林、退耕还林还草、社区扶贫等项目都得到了广泛的应用。

同期,通过亚太地区社区林业培训中心(RECOFTC)、福特基金会等举办的一系列社区林业培训、研讨和考察交流等活动,培养了一批能够运用社区林业的相关理论、方法进行项目研究、项目管理和推广培训的人才;一些相关的研究机构和参与式农村发展工作网等 NGO 组织相继在云南、贵州、四川、安徽等建立起来,西南林学院等林业院校开展了社区林业教育培训探索与实践工作,大批学者对社区林业进行了比较深入的研究和探讨,在推动外部资源与内部资源互动方面发挥了重要作用。

2. 社区林业的特点

从云南、四川、福建、湖南、浙江、湖北、安徽、贵州等省开展的社区林业实践探索看,社区林业体现了以下特点:

① 农民成为社区林业发展的主人。在运用社区林业参与式工作方法开展的林业重点工程项目中,始终以农民为主体,充分考虑农民的实际需求。

② 林业规划注重社区发展多目标的结合。社区林业项目引导农民在制订林业发展规则时,不仅考虑木材等经济利益和改善生态环境的造林经营目标,更把社区生产发展、农民生活富裕、社区环境改善和社区能力提升纳入统筹规划,使社区林业在改善生态环境、促进社区发展和保护生物多样性等方面的多重效益得到充分发挥。

③ 采取自下而上和自上而下相结合的决策方法。通过参与式的工作方法使农民自觉参与到包括设计、经营管理和监测评估等全过程在内的森林经营管理活动,政府自上而下的行政领导式管理模式向自下而上和自上而下相结合转变,农民的需要得到尊重,政府扮演引导、协助、服务的角色。

④ 社区的乡土知识得到尊重和应用。社区林业项目实践注重当地的乡土文化知识在规划设计、林业生产活动和有效缓解矛盾冲突中的作用,不再是传统林业下的统一组织、统一规划和统一实施。

⑤ 注重社区自我发展能力的培养。在林业发展过程中,不再单一关注森林培育、保护和利用结果,而更加强调结合乡村实际开展针对性很强的技术培训和帮助乡村开展组织建设,从而促进社区自我发展和农民技能的提升。

⑥ 多部门、多学科相结合。传统林业发展主要以林业部门为主要行动主体,而社区林业实践活动结合了自然科学、林学、农学、社会学、经济学等多研究领域,

由政府、民间社团组织、社区、个人等多元化主体参与社区林业的发展规划、实施和评估。

3. 社区林业主要活动及影响

(1) 社区林业主要活动

在国际合作项目和国内合作项目的推动下,社区林业的概念和经营管理模式在我国重点林业工程以及相关扶贫项目中得以实践和应用。

从1991年开始,云南、四川两省为了打破林业传统观念和旧模式的束缚,探索有效的社区造林形式,在长江防护林工程建设区开展了长达10年的社区林业项目试点示范、研究、培训和交流等,将参与式理念和方法引入到林业项目中。项目初期通过培训、到国外学习考察、组织专家访问等形式培养社区林业的理念、学习社区林业方法,提高实施社区林业项目能力;而后在云南省的姚安、宁蒗、昭通和中甸县,四川省的渠县、平昌和布拖县开展试验示范。通过参与式方法及工具的运用充分调动社区村民参与积极性,让村民在乡村快速评估和项目规划设计中畅所欲言,反映问题,提出建议,共同决策;在渠县等地通过建立森林资源管理小组等新的组织方式,尝试在村民小组的层次订立森林管理合同。同时,项目区引入农民田间学校的形式进行技术培训,使村民发现问题、解决问题的能力得到提高,让村民可持续经营管理自己的森林资源。

在1998年启动实施的天然林资源保护工程中,存在一些涉及项目的决策、执行和监测,以及当地政府和社区等多个利益相关者间的矛盾等一系列不利于工程目标实现的现象,社区林业的理念和方法为解决这些问题提供了有效的途径。中欧天然林保护管理项目中,村民代表与相关政府部门进行土地利用战略规划讨论,让农民参与到林业项目和林业政策制订过程中,鼓励他们制订乡规民约保护他们自己的森林,形成一致的森林可持续经营框架体系。这种参与式管理模式能够进一步促进政府转变职能,提高当地群众的资源保护意识,降低森林资源管理成本,从而实现森林资源永续利用。

在退耕还林项目中,以社区农民的参与为核心,以访谈、交流的形式向农户搜集相关信息资料,为退耕农户和政府谈判选择和配置退耕树种,从而保证退耕还林工程的顺利实施。

中荷扶贫社区林业项目在"以人为本"的参与式思路基础上,在贫困山区建立起"农户林业 + 科技示范机制 + 农民专业协会"的可持续扶贫模式,强调在自愿的原则下"自下而上"参与项目的决策、选定、实施和监测评估,农民可以通过自助组织的各种林业经济活动增加收入,确保了社区林业的可持续发展。农民自助组织通过对当地自然资源的合理开发利用,增加了经济收入,强化农民在经济活动中的环境保护意识,提高了农民自我管理、共担风险、服务社区的能力(徐家琦等,2004)。

2008 年集体林权制度改革明确规定土地权利的重新分配必须由村民大会或者村民代表大会投票,2/3 以上认可方可批准。而改革之前,村领导往往拥有未经协商或投票表决就决定如何分配的权利。林改中很多地方把社区林业作为构建林区生态文明的基础是符合人多地少的基本国情的合理对策。发展社区林业,可以进一步巩固集体林权制度改革的成果,增加农民收入并使农村经济得到进一步发展,进而带动林区、山区的综合改革。

(2) 社区林业主要影响

社区林业以社区为基础开展森林管理,在林业理论和实践方面都对中国林业可持续发展带来了深远的影响。为林业的发展注入了新的理念,既有技术创新,又有制度创新。

① 促进了思想观念的转变。社区林业跳出了专业性林业和"就林业论林业"的传统模式,人们开始对传统林业进行反思,对参与式方法逐步认同,促进了干部群众林业发展观念的转变,一些新概念在政府管理中出现。

② 改进了工作作风和工作方法。参与式工作方法使政府官员和干部开始从基层和农户的角度考虑问题,他们更加注重乡村综合发展,在项目设计实施时开始考虑林地林木权属、冲突管理、社会性别、弱势群体、相关利益群体、社会公平和持续发展等过去被忽视的重要因素,从过去的发号施令者向服务者转变。

③ 提高了社区工作能力。多层次、多形式培训和项目实践活动培养出了一批包括领导干部、技术人员和基层工作人员在内的社区林业骨干,他们活跃在农村发展领域,不断为其他项目提供支持和咨询服务,促进了社区林业的创新实践和应用推广。

④ 开始影响国家和省的一些相关政策。社区林业参与式理念等精髓要义不断在政府文件或规程中体现,一些社区林业专题研究为政府决策提供了依据。如退耕还林政策中把"政策引导和农民自愿退耕相结合,谁退耕、谁造林、谁经营、谁受益"等作为应当遵循的重要原则;四川省把采用参与式村级规划方法写进了四川省农村扶贫开发纲要。

⑤ 加强了部门之间的交流与合作。社区林业使部门林业向社会林业转变,促进了林业与农村发展相关部门紧密合作,多部门、多学科广泛参与的优势在项目中得到充分体现。

⑥ 增强了社区农民自信心和社区凝聚力。社区农民通过参与项目规划决策、建立森林管理小组、参加农民田间学校和有针对性地培训交流,增加了自信心,建立了参与意识,特别是妇女的更多参与,不仅提高了认识和技能,还增加了生产收入,促进了社区自我管理、自主决策和自我发展。同时为社区提供了对外交流的机会,通过走出去、请进来相结合的方式,不仅增加了学识和经验,也带来一些发展机会。

三、中国社区林业的问题和挑战

中国社区林业发展主要还是来源于包括国际组织、非政府机构等的外部推动,尚未明确纳入到林业行业发展的主流,一大批从事社区林业参与式研究和发展的人员不在林业体系内(刘金龙,2004);多数地方对于社区林业的理论、方法不甚了解;对社区林业中社区森林的多重效益和生态服务功能的认识相对比较局限;社区群众自我组织、自我发展、自我服务的社区林业发展机制也面临许多制度性的障碍,缺乏受广大社区成员拥护的组织形式和管理方式,当地社区已有的社区林业组织缺乏政策及法律上的认可(杨伦增,2005)。在城市资本强势进入林区的新形势下,社区林业需要研究如何建立以社区为本的有利于多元化主体参与的、符合可持续发展的林业经营管理模式。

发展林业是应对全球气候变化的战略选择,《林业应对气候变化"十二五"行动要点》中把坚持政府主导和社会参与相结合作为基本原则之一,社区林业肩负着扩大森林面积、提高森林质量、增加森林碳储量等重要的历史使命。目前,集体林权制度改革分权到户的经营结构,使得林地经营规模结构趋于细碎,权益主体更为分散,而林业的发展需要一定的规模,这给社区林业未来的组织管理带来了新的挑战。

四、政策建议

社区林业的出现标志着林业发展战略的转移,是林业可持续发展的核心内容之一。外援式社区林业不能也不是构建林业"三大体系"(林业生态体系、林业产业体系和生态文化体系)和协调发挥林业"五大功能"(生态、经济、社会、碳汇和文化功能)的中国社区林业主要形式。社区林业发展应注重中国特殊的社会文化背景和体制背景,开辟适合中国国情、林情的发展道路,逐步实现社区林业主流化。基于以上分析,我们提出以下政策建议。

① 将社区林业纳入乡村可持续发展总体战略。把社区林业发展融入到乡村社会、经济、生态和文化协调进步的多元化目标中,把适当的环境和文化标准纳入社区森林资源规划和森林资源经营管理方案,实现乡村"生产发展、生态良好、生活富裕"。

② 建立社区村民主体参与的激励机制。赋予农户更多权利,为社区组织管理当地的自然资源创造更多的参与机会,使群众公平地拥有发展选择权、参与决策权和分配受益权。

③ 加强社区林业的组织管理体系建设。明确社区林业组织同乡村基层政权组织和当地林业部门的关系,探索社区林业组织模式,不断提高群众的民主参与意识、公平公正观念和科学决策的能力。

④ 完善社区林业外部发展环境。在集体林改主体工程完成后,需积极推进林地林木流转、林木采伐管理、林权抵押、森林保险等配套改革,进一步完善林业生态补偿机制,加大生态补偿力度。建立健全林业发展的各种规章制度,切实保证农民得到相应的赋权。积极引导社会多方参与,建立政府投入为主、全社会参与的生态环境建设的融资体制。

⑤ 健全社区林业社会化服务体系。面对集体林权制度改革"分林到户"后单一农户生产实力较单薄、开展生产经营和走向市场面临很大甚至难以克服困难的新形势下,发展社区林业,引导培育新型社会化服务组织,扶持农民组建各类专业合作社、行业协会、中介服务机构,帮助社区群众提高森林资源经营管理的能力和组织化程度,逐步实现规模经营基础十分重要。

五、小结

在中国森林资源总量不足、分布不均衡、社会需求量大的现实背景下,社区林业通过群众参与经营管理的模式,将林业的发展与当地生产发展的现实条件与发展需要紧密联系起来,以自主参与的方式充分发挥当地群众的能动性和创造性。并通过与当地文化、乡土知识、其他产业的结合,可以有效实现整个林业产业的科学合理的可持续发展。长防林、天然林保护、退耕还林等多项林业、扶贫建设项目,以及集体林权制度改革引入了社区林业参与式理念,通过实践探索,我们看到社区林业正推动着林业的社会改革和经营方式的转型,在实现森林资源保护、社区生态环境改善、社区群众生活水平提高等方面有着积极成效,为林业的"全面、协调与可持续发展"走出了一条新路子。

中国社区林业也面临着体系不健全、非主流化等许多问题和挑战。当前,围绕经济社会转型和现代林业建设,需要将社区林业可持续的经营思想、多目标的经营方式和经济社会协调发展的理念向人们充分展示,建立健全社区林业发展体系,使社区林业真正成为中国林业建设的重要组成部分。

唐才富　从事林业技术和林业工程项目管理,致力于社区林业发展和森林碳汇的研究。现为北京山水自然保护中心顾问。

参考文献

1. 崔海兴等. 2009. 改革开放以来我国林业建设政策演变探析. 林业经济,(2):38-43.

2. 国家林业局森林资源管理司. 2010. 第七次全国森林资源清查及森林资源状况. 林业资源管理,(1):1-7.

3. 何丕坤,何俊. 2004. 中国社会林业的发展的回顾与展望. 绿色中国,(7)(a):74-78.

4. 刘璨等. 1999. 社区林业发展论. 北京:中国林业出版社.

5. 赖镇国,张兰英. 2002. 发现的十年:对福特基金会与云南、四川两省林业厅合作项目的一份外部评估报告. 内部资料.

6. 李维长. 2004. 社区林业在国际林业界和扶贫领域的地位日益提升. 林业与社会,(1):13-16.

7. 刘金龙. 2004. 中国参与式林业的简要回顾和展望,林业科技管理,(1):28-30.

8. 李周,许勤. 2009. 林业改革30年的进展与评价. 林业经济,(1):34-40.

9. 联合国粮食及农业组织. 2010年森林资源评估—主报告[e-book],粮农组织林业文集163. 罗马. (2011) [2012-03-01] www.fao.org/docrep/014/i1757c/i1757c.pdf.

10. 四川社区林业活动回顾小组,2002. 四川社区林业项目回顾报告. 内部资料.

11. 徐国桢,李维长. 2002. 社区林业. 北京:中国林业出版社.

12. 徐国桢. 2002. 社区林业是对林业的发展和创新. 林业与社会,(2):2-5.

13. 徐国桢. 2006. 社区林业——通向林业社会合作与和谐发展之路. 林业经济,(1):60-62.

14. 徐家琦等. 2004. 关于社区林业可持续扶贫模式的探讨. 中国农业大学学报社会科学版,54(1):14-18.

15. 杨从明. 2004. 关于社区林业在中国发展的再认识. 林业与社会.(2):1-7.

16. 杨冬生. 1999. 四川社区林业回顾与展望. 成都:四川科学技术出版社.

17. 杨伦增. 2005. 社区林业需要重点研究的问题. 林业经济问题,(5):265-269.

18. 叶绍明,郑小贤. 2006. 关于森林经理与社会林业有机结合的思考. 林业资源管理,

(2)：6-10.

19. 张蕾，狄升. 1993. 中国村社林业的发展与政策立法. 林业经济,(4)：29-35.

20. 张敏等. 2011. 2010 年全球森林资源评估特点与启示. 林业资源管理,(1)：1-6.

21. 中欧天然林管理项目办公室. 实施中欧天然林管理项目——促进林区社会可持续发展.（2008-07-31）http：//www. greentimes. com/green/index/newspaper/key/2008-07/31/content_7651. htm.

22. 温铁军. 中国集体林权制度改革意义重大.（2012-01-04）[2012-03-05]http：//www. greentimes. com/green/news/pinglun/lssbdjp/content/2012-01/04/content_162482. htm.

23. 中国绿色时报. 集体林改 改变"三农"生态的伟大变革——我国著名专家学者谈集体林改的意义影响及未来发展. [2012-03-05]http：//www. forestry. gov. cn/ZhuantiAction. do？dispatch = content & id = 522995 & name = lqgg.

第五章 土地荒漠化
——导入社会力量，推进可持续荒漠化防治

摘要

生态安全是中国实现发展的绿色转型的重点之一，而土地荒漠化防治是保证生态安全不可忽视的一个重要领域。本章从技术、资金、政策层面分析了中国荒漠化防治取得的进展、面临的挑战和民间社会应对荒漠化问题的实践与探索。荒漠化是干旱、半干旱和干旱性半湿润地区由于气候变化和人类活动影响引起的土地退化，是涉及社会、经济、环境多方面的复杂问题。由于荒漠化成因的复杂性和不确定性，在应对荒漠化的不同阶段，人们对于荒漠化成因有不同认识，因而产生过一系列不同政策，从而导向着不同行动，以及不同后果与机制。中国荒漠化防治的过程是一个不断认识、调整政策、采取行动、总结反思、再调整政策的过程。针对中国荒漠化防治的状况，特提出如下建议：第一，坚持政府、企业和社会相结合，创新荒漠化防治的多元投入机制；第二，坚持科学治沙，按自然规律办事，自然修复与人工治理相结合，创新荒漠化防治的技术模式；第三，坚持治沙与致富相结合，创新荒漠化防治的产业模式。促进生态与经济的协调发展，生态改善与农民增收的双赢之路。

大事记

- 1991年，国务院批复《全国防沙治沙工程规划》，把荒漠化防治纳入国民经济发展计划，启动全国防沙、治沙工程。

- 1994 年,实施生态县试点工程及黄河中游保护林建设工程;签署了联合国防治荒漠化公约,并于 1997 年 2 月 18 日交存批准书,公约于 1997 年 5 月 9 日对中国生效。

- 1998 年起,开始开展天然林资源保护工程、退耕还林工程、"三北"(东北、华北、西北)及长江流域等防护林体系建设工程、京津风沙源治理工程、野生动植物保护及自然保护区建设工程和重点地区速生丰产用材林基地建设工程等。

- 1999 年,中国政府把保护耕地作为一项基本国策,实行严格的耕地保护政策。国家划定基本农田保护区,为确保粮食安全提供重要基础。

- 2002 年,颁布实施了《防沙治沙法》,批复了《全国防沙治沙规划(2005—2010 年)》,2005 年颁布了《关于进一步加强防沙治沙工作的决定》。

- 2000—2005 年,中央财政共投入资金 90 多亿元人民币,实施了天然草原植被恢复与建设、草原围栏、牧草种子基地、退牧还草、京津风沙源治理工程草原生态建设等项目。

- 2004 年,国家实施首都水资源可持续利用水土保持、黄土高原地区水土保持淤地坝、东北黑土区和珠江上游南北盘江石灰岩地区水土流失综合防治等多个专项工程,水土流失重点防治范围由长江、黄河上中游拓展到东北黑土区、珠江上游和环京津等地区。

- 2004 年 6 月 5 日世界环保日,87 名中国大陆和台湾的著名企业家,在中国内蒙古的阿拉善盟发表了《阿拉善宣言》,成立"阿拉善 SEE 生态协会"。以减缓阿拉善的沙尘暴为起点,致力于保护中国的生态环境,实现企业家的社会责任。

- 2007 年,第一届库布齐国际沙漠论坛在鄂尔多斯召开,亿利集团在内蒙古库布齐沙漠地区探索的产业化治沙新思路,实现由被动防治向主动防治、由征服自然向利用自然、由沙逼人退向人逼沙退、由贫瘠荒漠向绿色产业的四个转变。

一、综述

中国是一个受荒漠化影响较大的国家,荒漠化面积占国土面积的 27.3%。尽管国家在荒漠化防治上投入巨大,然而北方的沙漠化土地总体上仍现扩大趋势(王涛,2005)。2001 年起,先后启动京津风沙源治理工程和以防沙治沙为主攻方向的"三北"防护林体系建设四期工程,这两大工程覆盖了中国沙化地区90%以上的土地,构筑了全国荒漠化防治工程的整体骨架(关君蔚,2004)。

2002年1月1日《中华人民共和国防沙治沙法》正式实施。该法确立了各级政府和用地单位及个人是防沙治沙中的责任者,明确防沙治沙的基本步骤和方法、保障措施以及相关法律责任。

北方农牧交错区的沙漠化近10年来得益于国家实施的退耕还林(草)政策措施和诸如"三北防护林"建设、生态环境建设工程等项目,以科尔沁沙地、浑善达克沙地和毛乌素沙地为代表的区域实现了逆转;北方传统草原牧区的沙漠化虽然许多地方积极建设"草库伦"实行轮牧,但没有从根本上解决草畜矛盾的问题,导致近年沙漠化的持续发展;西部绿洲地区(石羊河、黑河、塔里木河、奎屯河下游)沙漠化也在发展之中,荒漠化仍然是未来中国社会经济可持续发展的主要障碍。

二、中国荒漠化防治可持续发展的挑战

目前,中国荒漠化防治总体形势还是处于"局部好转,整体恶化"的局面,尚未能探索出一条荒漠化防治的可持续模式。荒漠化防治首先应恢复或重建与当地自然环境相适应的稳定的生态系统;其次应注重社会经济发展模式与防治荒漠化相协调,以保证社会经济发展的可持续性。因此,中国荒漠化防治机制必须遵循生态规律和经济规律,以更加开放的姿态,解决一系列诸如技术、资金、政策等瓶颈问题。

(1)技术层面:还没有找到可持续的防治模式

中国荒漠化土地面积约占国土面积的1/3,但至今还没找到有效的防治模式(胡跃高,2009)。伴随国家经济实力的增强,国家启动了多项全国性与区域性工程,沙漠化防治投入与力度不断加强,但中国沙漠化防治的策略和技术方法总体变化不大。

荒漠化防治技术方法涉及工程、生物与化学以及农艺等学科及技术领域。生物固沙一直是沙漠化防治的主要措施,其中主要以固沙林建设为主,虽然其思路与模式有所改变,但技术突破有限;工程与化学措施方面发展快速,新型塑料、仿真植物、化学固沙剂、保水剂普遍应用于沙漠化防治,但还未实现产业化。

新技术,如太阳能、风能技术等,已在荒漠化防治中普遍应用;开始注重大

尺度开展沙漠化防治，如流域系统尺度，上、中、下游，绿洲、荒漠，农、林、牧的协调发展。比较成功的应对沙漠化的技术措施包括毛乌素沙漠恢复生态的"三圈"模式、奈曼沙化草原生态恢复、库布齐沙漠分区综合治理新模式和农牧交错带草原沙化防治与沙地开发利用等。各类防沙治沙技术不断涌现，但突破性技术鲜见。

(2) 资金层面：还没有形成多方投入的机制

随着社会经济的发展，中国的荒漠化治理政策也在不断演变，但在治理过程中，以政府投入为主的格局一直没有打破。"三北防护林"和"京津风沙源治理"两大工程，覆盖了中国85%的沙化土地，两大工程仅中央累计投入就近100亿元(蒋高明，2007)，全部资金主要由政府投入。

在沙漠化地区，国家实施"禁牧、移民搬迁、结构调整"等生态治理政策，试图形成"国家投资、地方实施、农户参与"的治理模式(马永欢，2006)，但各项防沙治沙工程的建设资金主要来源于国家及地方财政投资，民间社会、企业及行业投资所占比例微乎其微，所投入资金也基本没有效益以供循环利用，工程建设只是一味依靠国家的直接投资来维系。

当然，也有一些民间参与的治沙活动，在沙漠边缘还涌现出很多治沙英雄，这些治沙英雄几乎把自己所有的收入全都投在了治沙上，如，宁夏盐池县沙边子行政村的白春兰，在毛乌素沙漠东南缘种树5万棵，治理沙漠化土地3千亩；陕西省靖边县金鸡沙村的牛玉琴为治沙先后投入200多万元等。但沙漠化治理是典型的投入多、收益少的活动，在很难得到政府贷款而政府又不允许伐树的情况下，民间治沙者面临严重的难以为继的困境，既难以承受树木的管理和看护费用，又缺少"通电、通路、通水"的资金，对未来的发展感到茫然(马永欢，2006)。

(3) 政策层面：还没有形成公众参与的决策机制

应对荒漠化的过程中，政府一直集制度的制定者、执行者和监督者三种角色于一身，基本没有建立公众参与的决策机制。其中，在应对草原荒漠化的政策中，国家主要推动围封转移、禁牧休牧措施，国家试图通过管理牧民的放牧行为，减少草原牧区的人口和牲畜数量以减少对草原沙漠化的威胁。

由于国家是草原生态保护的主体，并同时承担了三种政策角色——制度的制定者、制度的执行者和监督者，在生态政策与当地居民的利益产生矛盾的时候，国家又是利益的补偿者。在这个过程中，当地居民参与决策的作用被忽视，他们只能被动地接受政策，接受各种分派和补贴。在这个过程中，决策权集中于中央政府,中央政府通过政策、法规、资金和项目来实施草原生态保护,权力和资金高度集中于中央政府,目标和项目也来自于中央政府,自然资源管理的权力则被赋予垂直管理的部门,这样,不仅基层社会被排斥在外,就连地方政府也同样被排斥在决策之外。目前草原保护的现实是,通过自上而下的生态环境保护话语的建构、政策制定和资金支持,形成了自上而下推动的草原环境保护行动(王晓毅,2009)。

案例1 国家层面影响力较大的荒漠化治理政策和行动

三北防护林工程。一期工程主要是建设生态型防护林,实施了国有林承包到户,谁造谁有的政策,鼓励个人承包造林。在这样的政策激励下,农民积极投身于造林工作中。但随着工程的实施,由于农民承包建设的林地均属生态型防护林,农民并没有对林地的收益处置权,承包权仅流于表面,因此,在只投入无收益的情况下,农民造林积极性逐渐降低。在这种情况下,二期工程改变了一期以生态林建设为主的思想,提出建立生态经济型防护林体系,使生态治理与经济发展、群众脱贫相结合。三期工程在积极探索生态经济型防护林建设的同时,新推行了四荒拍卖和多种合作制造林,以调动社会团体与企业投身于造林工程建设的积极性(郭婷,2010)。

全国防沙治沙工程。由于三北防护林建设中,中央政府投入过少,地方政府财政困难,配套资金也很难到位,致使工程建设资金存在隐患。为缓解三北工程资金压力,确保治沙工作,在三北实施二期工程时,国务院又以国函[1991]65号文批复同意了《1991—2000年全国防沙治沙工程规划要点》,将荒漠化防治纳入了国民经济发展计划中(郭婷,2010)。

京津风沙源治理等六大生态工程。进入21世纪,在《联合国防治荒漠化公约》签订后,我国积极寻求适合本国的防治政策及技术手段。为了促进以公有制为主体、多种所有制经济成分并存的治沙工程形成与发展,提高农民自主造林的积极性,四期工程取消了原有义务工和劳动积累工造林制度,重新施行将集体林分家到户、国有林家庭承包等政策。

国家的多数生态政策是强硬和刚性的,但由于在国家与牧民中间缺少一个将简单划一的环境政策转化为适合地方实际操作的中间环节,这就使得某些政策难以在牧民中落实。在简单划一的政策下,基层牧民的利益得不到有效表达,牧民就普遍采取违规行为来对抗生态保护政策。因此,尽管个人理性和国家权威都在不同程度上支持和促进环境保护行动，但是，目前草原生态环境保护的制度创新是最必要和最首要的行动。

因此，相对于把荒漠化问题推到环境生态问题的首位考虑而言，更加重要的是推动体制改革，放权于民，以保证生态治理主体的权益为前提，调动民众的荒漠化防治积极性。国家政策应根据治理产生的生态效益对荒漠化治理者给以经济补偿，这样就能把治理荒漠化的积极性真正调动起来。

三、民间社会应对荒漠化的探索和实践

民间社会一直在关注着南方石漠化和北方绿洲及草原的沙漠化的预防和治理。如以草原沙漠化防治为例，民间力量总结中国荒漠化防治的经验与教训，不断调整治理策略，通过协调人-草原-牲畜三者的关系，尝试重新构建和恢复人与自然和谐的生产关系和生活方式，继而达到减缓或抑制沙漠化步伐的作用。

在应对草原荒漠化扩张的问题上，国家政策多以一刀切的方式将农业地区政策简单复制于草原牧区(例如草原双承包政策)，实施了诸如退牧还草政策、林权改革政策、围封转移政策、围封禁牧政策等，采用项目化和工程化的运作模式操作，人多则移民搬迁，畜多则禁牧，草少则采用围封的方式，分割了人-草原-牲畜三者的关系。一些措施不仅不能够恢复与当地自然环境相适应的稳定的自然生态系统，还削弱了承载草原文化的基础，引发了新的环境和社会问题。这种情况已经开始引起政府和公众的关注。在社会力量的不断呼吁和努力下，目前，草原生态保护奖的政策已经开始实施，但是发展惯性和现行政策仍然不足以保证草原的可持续利用。20世纪90年代以来，由普通公民组成的志愿者队伍、学者、NGO和企业家群体一直在关注中国的荒漠化防治，并且已经成为一支调查研究、探讨对策、筹集基金、组织行动的重要力量。中国民间力量介入荒漠化治理经历了以下几个时期。

(1) 公民荒漠化防治的启蒙期 (1990—2000 年)

以远山正瑛、自然之友为代表的公民荒漠化防治的启蒙期。在这个阶段，许多公民怀着朴素的志愿精神或者英雄主义情怀，以"人定胜天"的信念，来到沙漠植树造林。一些国际公民也来华造林对抗沙漠化，如日本老人远山正瑛在恩格贝治沙，试图用愚公移山的精神锁住流沙。这些公民的自觉行动唤起了公众关注荒漠化问题。

一些 NGO 组织，如以苗玉坤为代表的"赤峰沙漠所"、以万平为代表的"科尔沁"、以陈继群、卢彤景为代表的"曾经草原"、以饶勇为代表的"若尔盖绿色骆驼"和"瀚海沙"等，不仅开始关注和思考防沙治沙的具体问题，而且积极行动，扎根在沙漠化地区，以植树(前期)、种草(后期)为主要手段，开始探讨更加合适的荒漠化治理方法。他们认为，社会对土地、草原、森林的掠夺性开发，导致了荒漠化的急剧扩张，单凭志愿者的热情是远远不够的，必须唤起全民的生态意识和参与热情，才是

荒漠治理的根本出路。

案例 2　民间社会在荒漠化防治上的实践

　　2000 年 3 月 20 日,苗玉坤创建了"赤峰沙漠绿色工程研究所",并在浑善达克沙地、科尔沁沙地交界处承包沙地 10 万亩(刘青杨,2001)。2000 年 6 月,万平在同发牧场沙丘上成立了自己的治沙基地。从技术上探索通过恢复沙地原生植被,再辅以防风林固定流动沙丘的模式,并建立生态保护产业示范区,带领农民改变原始落后的生产方式,走出一条与生态相协调的经济发展的可持续之路。"曾经草原"通过演讲和展览,对草原沙漠化问题做出相对客观的呈现。卢彤景作为摄影师,拍摄了大量的阿拉善地区沙尘暴和山羊的照片,以影像的方式,以沙漠化防治的主流群体为目标人群,传播了荒漠化的成因和预防方法,使很多公众和行业内人士,在相当长的一段时间都认为牧民饲养山羊过牧是导致荒漠化和沙尘暴的根源,也迎合了当时主流政策和学者的对于草原荒漠化问题的判断。

---

　　(2) 草原学者针对荒漠化政策与措施的反思期(大约 2000—2005 年)

　　以关注草原、荒漠化、草原文化等问题的学者为主体的,关于游牧或定居、禁牧或圈养等有关牧民生活生产方式的讨论乃至纷争,以及进而对"人定胜天"和"基于经典草原保护理论"下的政策的反思,和对当地人利用自然资源的权益的关注,是这一时期的主要内容。表现为 "人与草原"学者群、瀚海沙、自然之友等民间组织所进行的行动和研究,这些行动和研究为从事荒漠化防治的民间力量提供了思路和借鉴。

　　草原沙漠化问题的反思,首先是从对沙漠化成因的讨论开始的。额尔敦布和(2006)认为草原开垦、超载放牧、牧区水资源开采和牧区改革与发展中搬套农村政策是草原荒漠化的主要原因。达林太(2005)则认为内蒙古草原生态系统具有明显的非平衡生态系统特征,因此对这类草原的管理也必须符合非平衡生态系统的规律。由于中国草原管理照搬美国的草原管理学作为指导理论,势必走入把对放牧系统改造作为治理草原主要手段的误区。达林太从制度经济学的角度分析认为:由游牧变为定居、不合理的围栏、不合理的引种(改良)、开垦草原是加速荒漠化的原因。

　　这一阶段属于草原荒漠化政策与措施的反思期,主要特点是,长期关注草原问题的内蒙古学者,以及后来开始关注草原问题的生态学者和社会学者,逐渐形成了游牧派、定居派两大派别,学者们进行了长期的讨论。而在这一时期,以瀚海沙、天下溪、福特基金会等机构为代表的民间组织,则通过支持学者搭建平台的方式,推动新的保护思路传播和发展,其中,以"人与草原网络"为代表的一批力量,开始将草原保护与"人"的发展和需求(经济、文化、社会)链接了起来。

（3）企业家社会责任践行期（2004 年—至今）

民间社会开始意识到人与自然和谐发展的重要性，重视社区在荒漠化防治当中的作用。以 2004 年 6 月 5 日阿拉善 SEE 成立为里程碑，民间企业家开始通过凝聚企业家的智慧和力量，引领公民社会集体应对荒漠化。

阿拉善 SEE 生态协会认为，阿拉善草原荒漠化问题的深层原因，是不合理的生产方式介入了干旱的荒漠草原生态系统；由于人口压力和外来文化的冲击，传统居民敬畏自然的文化正在衰亡，人的生活方式对自然的压力越来越大；不适当的牧业政策或保护措施的实施，造成草原的蜕化与荒漠化蔓延扩大。

SEE 协会一开始就确立了"社区主导型"荒漠化防治理念：通过改变不适合自然规律的生产和生活方式，达到生态与生产生活的共赢，实现生态环境保护与社区生计改善的统一。从农民内心最盼望、最愿意投入资金和付出劳动的项目入手，通过村民自发组织和建立行之有效的机制，充分发挥农民的积极性、主动性和创造性，合理管理和规划利用各种现有的资源，从而达到实现可持续发展和保护环境的目的。

社区主导型生态保护网络，是以沙漠植被和草场保护为目标，形成农牧民自发建立的梭梭林保护区，彻底杜绝 1200 平方千米面积上的梭梭柴商业化买卖现象。通过这个网络的建立，初步探索出一条以社区为基础的多方参与的内生式生态保护与发展模式。

以亿利集团为代表的企业界开始探索荒漠化防治社会经济发展可持续模式，试图以商业化的沙产业模式实现荒漠化防治的经济可持续。尽管一些学者认为，目前通过沙产业应对荒漠化还缺乏可持续性，现阶段只能是一种项目经济。但通过产业化模式防治荒漠化是值得肯定的可持续方向，因为无论是商业项目还是公益项目，没有盈利模式，就谈不上经济可持续性，只会是短命工程。

四、政策建议

我国已建立了沙漠化和干旱易发地区的信息和监测系统，但围绕荒漠化成因的争论不断，影响着各利益相关者的决策和行动。参与荒漠化防治的不同主体，由于涉及利益、立场、知识层面等的不同，对沙漠化成因的看法也不同。针对上述情况，面对中国城市化和工业化的背景，特提出如下政策建议：

① 坚持政府、企业和社会相结合，调动全社会的资源，创建荒漠化防治的多元化投入机制；完善国家扶持和群众自力更生相结合的机制，尤其是要强化政府的引导与服务，充分发挥地方积极性，激发企业的社会责任感，营造一个全国参与、全民尽责、各尽其能、全社会支持的氛围。

② 坚持科学治沙，按自然规律办事，坚持自然修复与人工治理相结合，创新荒漠化防治的技术模式。以水资源量确定地区发展战略、产业布局和 GDP 增长模

式。一方面要扩大退牧还草,促进退化生态系统的自我修复;另一方面突出科技支撑作用。采取生物措施和工程措施双管齐下,把生态建设与环境保护作为科技发展的重点,优化科技资源配置,力争在重点领域、关键环节和核心技术方面来实现新的突破,大幅度提升基础研究和技术创新能力,努力服务于荒漠化防治与生态建设工程。

③ 坚持治沙与致富相结合,创新荒漠化防治的产业模式。沙漠蕴藏着丰富的宝藏,因此要促进生态建设和新兴产业的协调发展,充分利用荒漠化地区的资源,使荒漠化防治过程成为新兴产业、特色产业发展和农民脱贫致富的过程,要变沙害为沙利,真正实现生态效益、经济效益和社会效益的有机统一(新华网,2011)。

五、小结

以上概要总结了过去 20 年中国荒漠化防治的发展,从技术、资金、政策层面反思了荒漠化防治的得失。由此看出,中国在荒漠化防治方面投入了巨大的人力和物力,认真履行了国际荒漠化防治公约,但同时面临巨大挑战,集中表现在:在技术上至今还没找到有效的防治模式;在资金上,以政府投入为主的格局一直没有打破,没有形成多方投入的政策机制;在政策上,政府一直是荒漠化防治政策的主导者,没有形成公众参与的决策机制与"谁治理谁受益"的权益机制,为此,我们认为,导入社会力量,是推进中国荒漠化防治可持续发展的重要路径。

王书文　致力于以社区为基础的荒漠化防治研究和实践,特别专注于农业水资源可持续利用和荒漠化草场的保护工作。现就职于阿拉善 SEE 生态协会。

参考文献

1. 达林太. 2005. 草原荒漠化的反思. //发展与贫困. 北京:[出版者不详].

2. 额尔敦布和. 2006. 牧区发展历史经验的反思——兼论牧区可持续发展的出路问题. 北方经济,15: 20-22.

3. 关君蔚. 2004. 我国防治荒漠化的成就与经验. (2004-05-12) [2011] http://www.people.com.cn/GB/14576/33320/33329/2493139.html.

4. 郭婷,周建华. 2010. 中国荒漠化防治政策沿革及问题对策研究. 内蒙古农业大学学报(社会科学版),(4): 125-127.

5. 蒋高明. 2007. 荒漠化治理的误区. (2007-03-25) [2011] http://www.gs.xinhuanet.com/jdwt/2007-03/25/content_9604704.htm.

6. 胡跃高. 用工程建设实现防治荒漠化. (2009-06-16) [2011] http://www.cnetst.com/

special /content /2009-06 /16 /laodao72216. htm.

7. 刘青杨. 让治沙人富起来. (2001-11-05) [2011] http：//www. gmw. cn /01gmrb /2001-11 / 05 /21-7B2471E856B0295C48256AFA00835A3B. htm.

8. 马永欢, 周立华, 樊胜岳, 董朝阳. 2006. 中国土地沙漠化的逆转与生态治理政策的战略转变. 中国软科学. (6) :53-59.

9. 沈孝辉. 荒漠化防治与公众参与. 再谈沙尘暴的"是非功过". (2006-08-01) [2011] http：//old. fon. org. cn /content. php? aid = 6488.

10. 王晓毅. 2009. 从承包到"再集中"——中国北方草原环境保护政策分析. 中国农村观察, (03)：36-47.

11. 新华网, 2011. 刘延东：四个相结合科学防治荒漠化. (20011-07-09) (2011) http：// news. xinhuanet. com /video /2011-07 /09 /c_121644257. htm.

12. 王涛, 薛娴等. 2005. 中国地方沙漠化地区区别(纲要). 中国沙漠, 25(6)：24-30

第六章　走向综合的生物多样性保护

摘要

以 1992 年批准《生物多样性公约》为标志,中国的生物多样性保护工作逐步得到重视,成为中国政府工作的组成部分。中央政府、地方政府、科研机构、民间组织等各方面积极参与到中国的生物多样性保护行动中,并获得了国际上的支持,开展了一系列相关工作。但中国生物多样性整体恶化、局部改善的大趋势没有得到根本的扭转。要评估这一阶段中国生物多样性保护的成效尚未逢其时,因为诸多事件与政策的得失仍需要时间彰显。但可以肯定的是,生物多样性的保护是一项综合性的工作,离不开各个方面的参与和支持,20 年来各方面保护生物多样性意识的提升,必将成为保护工作更进一步的财富。

大事记

- 1992 年,国务院批准《生物多样性公约》,标志着中国开始承担保护生物多样性的国际责任,生物多样性保护正式成为中国政府的重要工作之一。
- 1994 年,《中国生物多样性保护行动计划》完成,行动计划的制定是生物多样性公约的要求,标志着中国开始履行生物多样性公约的相关工作。计划本身则成为中国生物多样性保护工作的指导。
- 1994 年,民间环保组织"自然之友"在北京成立,标志着中国的民间力量开始有组织地参与生物多样性保护相关工作,并发挥着重要的作用。
- 1998 年,《中国生物多样性国情研究报告》完成。该报告是对中国生物多样性基本情况较为系统的评估,为之后保护工作的开展提供了科学的依据。

- 1998 年,天然林资源保护工程实施,对天然林的工业砍伐停止,标志着中国对自然资源的态度由开发利用为主、单纯看重其经济价值,向认同生态价值、注重保护的方向转变,许多野生动物赖以生存的栖息地得以保全。

- 1999 年,退耕还林工程试点开始,2002 年退耕还林工程全面启动,工程对于维持生态系统功能、保持水土等方面发挥了作用,并标志着生态补偿开始运用到保护实践之中。

- 2000 年,三江源自然保护区建立,并于 2003 年升级为国家级自然保护区,于 2011 年设立三江源自然保护综合试验区。自然保护区开始尝试动员各方面的力量,综合各种保护形式,兼顾环境保护和经济发展。

- 2007 年,白鳍豚被宣布"功能性灭绝",极有可能成为中国进入 21 世纪后第一种灭绝的大型哺乳动物。白鳍豚的灭绝是在处于强大的人为干扰下中国水生动物生存状况的缩影,也表明中国的生物多样性依然面临极大的威胁。

- 2011 年,《中国生物多样性保护战略与行动计划》(2011—2030 年)发布,为未来 20 年中国生物多样性保护工作提供了方向。

- 2012 年,《生态补偿条例》开始起草。生态补偿被作为一种有效的方法,更加广泛地应用到更多的生物多样性保护实践当中。

一、综述

中国是世界上生物多样性最为丰富的国家之一,其丰富程度在基因、物种、生态系统三个层面上均有体现。然而,由于人口和经济发展压力造成的栖息地的丧失与退化、野生动植物狩猎和贸易、气候变化等原因,中国的生物多样性始终面临着严重的威胁。在基因层面,由于栖息地的破坏和农业生产方式的改变,中国特有的生物种质基因资源,尤其是农业基因多样性,正遭到严重威胁。"中国西南野生生物物种种质资源库项目"(2008)的实施标志着中国开始采取措施留存种质基因资源。

在物种层面,中国开展了广泛的科学研究和保护实践。目前,绝大多数物种都已经在自然保护区体系的覆盖之内。但对比中国在物种多样性保护方面承担的重大责任,相关投入还非常有限。根据相关调查,中国受威胁物种的数量仍在增加,且增加速度高于世界平均水平。同时,中国的物种多样性还受到了野生动植物贸易和外来物种入侵的强烈影响(《中国生物多样性国情研究报告》编写组,1998)。尤其值得注意的是,中国发达的中医药产业高度依赖对生物多样性资源的利用,而部分地区具有食用野生动物、利用野生动物皮毛等的传统,这必然对物种保护工作带来不利影响。

在生态系统方面,以已经建立的相对成型的管理体制为依托,中国的自然保护区在面积和数量上都有了极大的增加,这些保护区基本涵盖了中国的重点生态系统。同时,与生物多样性保护相关的法律和政策体系也得到了完善。但是,自然保护区的有效性和管理水平仍然亟待提升。

进入 21 世纪,中国的生物多样性保护工作逐步进入了主流视野,保护生物多样性的理念逐步得到了各方的关注、认同和重视,包括国内外、中央与地方、政府与民间等多方面的力量都参与到了保护工作中来。

在政府层面,针对生物多样性保护的投资不断增加。而天然林资源保护、退耕还林还草等一系列旨在保护生态系统的工程的实施,不仅起到了保护生态系统,为生存其间的物种提供栖息地的作用,更标志着中国对待自然资源的态度,开始从最大程度的直接开发,转向维持生态系统正常功能基础上的科学利用。为了提升可持续发展理念在经济层面的可操作性,中国政府也更加积极地进行发展绿色经济的尝试。

在公民社会层面,环境保护相关民间组织在中国的生物多样性保护工作中一直发挥着重要的作用。早期民间组织的工作以面向公众的环境教育为主,也参与了物种保护实践(中华环保联合会,2006)。以 2003 年的"怒江水电之争"为标志,环保组织开始联合起来发出声音,尝试对环境和社会带来重大影响的大型工程项目施加影响,开始在政策层面发挥倡导作用。

建立科学、平衡、能够考虑各方利益诉求的综合的生物多样性保护决策体系是中国保护实践的发展方向。生物多样性保护需要各利益群体的参与,如果没有深入的分析和有效的协调,政策实践很有可能无法实现生物多样性保护的初衷。在经济建设为中心的主导思想之下,代表环境保护的一方在重大决策之中常常处于弱势地位,一些大型工程对环境的损害经常得不到应有的重视,生态损失补偿和移民安置补偿常常不到位或者过低。

二、中国生物多样性保护的现状

1. 通过物种保护看中国的生物多样性保护

在生物多样性的三个层面中,物种多样性尤为关键,因为物种在进化上是独立的繁殖单元,物种多样性的存在很大程度上确保了基因和生态系统多样性的存在和健康。同时,在实际的保护实践中,对于物种的保护常常作为保护工作的切入点和核心。因此,以下我们通过重点物种保护工作的状况,来看中国生物多样性保护的现状、问题与得失。

案例1　中国旗舰物种保护的经验

A. 大熊猫

以就地保护为主、就地保护与迁地保护相结合是保护大熊猫的策略。作为中国乃至世界生物多样性保护的标志性物种,大熊猫获得了相对充足的保护资源。中国先后在四川、山西、甘肃三省建立了 13 个自然保护区,并且在四川卧龙建立了大熊猫繁育中心。保护区的建立、森工砍伐的禁止,使偷猎大熊猫的活动锐减,栖息地的保护解除了大熊猫生存面临的最大威胁。同时,大熊猫的圈养繁殖也在 20 世纪 90 年代末取得了成功。根据第三次大熊猫数量调查(1999—2004)(国家林业局,2006)的结果,中国野生大熊猫数量为 1596 只,圈养数量为 161 只,野生种群数量在缓慢增长。

但是,大熊猫的保护工作仍然面临挑战:野外种群数量较低和栖息地破碎化。以道路建设和旅游开发活动为主的人类经济活动分隔了栖息地、侵扰了大熊猫的活动。退耕还林和大规模造林工程种植的多为纯木,使竹林难以生长,无法达到恢复大熊猫栖息地、连通破碎化生境的目的。栖息地的破碎化容易造成小种群隔离,大熊猫面临近亲繁殖的风险增加。

B. 藏羚羊

藏羚羊是中国青藏高原上的特有物种,由于市场对藏羚羊羊绒的追捧,导致猎杀藏羚羊的活动一度猖獗。20 世纪 80 年代开始其数量大规模下降。据估计,在不长的时间内,藏羚羊种群数量下降了 90%(中国环境报,2002)。在索南达杰和扎巴多杰等人的带领下,20 世纪 90 年代初武装反盗猎斗争开始。各地民间组织也组织了多批志愿者协助工作,并设法争取国内外各方面的支持。1997 年,国务院批准成立了可可西里自然保护区,并设置了可可西里自然保护区管理局,使保护藏羚羊的行动获得了稳定的政策和财政支持。同时,对藏羚羊血腥捕杀的真相在国内外被广泛宣传,羊绒需求的下降也在客观上制约了对藏羚羊的捕猎。

在各方面的通力协作之下,藏羚羊种群下降的趋势得到了控制,并在部分地区出现了回升。但是,对藏羚羊的保护仍然投入不足;对藏羚羊的种群数量、习性等都缺乏科学数据；保护力量薄弱。

C. 普氏原羚

普氏原羚是中国特有的珍稀物种，目前分布于青海湖周边的草原地带。由于数量极为稀少，被认为是"世界上最濒危的有蹄类动物"（法制日报，2004）。普氏原羚的生存环境与牧民放牧用草场高度重叠，当地的牲畜数量不断增长，从而引发了严重的草场退化。盗猎也是普氏原羚面临的一大威胁。

为了应对草场退化的问题，政府推行了"定草定畜"的牧业政策，即将草场分配给各牧户，牧户的草场之间以围栏分割，并根据草场的面积规定牧户饲养牲畜数量的上限。政府通过设立"牧户协管员"等方式发动社区力量加入保护工作。这些工作使得普氏原羚种群数量稳中有升，但绝对数量仍然有限。

但是，缺乏协调的政策导致在青海湖边修建了间隔很近的围栏，重复建设造成很大资源浪费。同时，大量围栏的修建分割了普氏原羚的栖息地，造成了严重的栖息地破碎化。

物种保护的最终目的，应当是通过对重点物种的保护投入实现对整个生态系统的保护。受传统的、单纯的物种保护观念的影响，利用人工繁育方式简单维持物种存续这一看似简单有效的保护方式仍有较大影响力。实际上，大熊猫的人工繁育比就地保护得到了更多的投入。虽然旨在保护大熊猫的保护区体系已相对完善，但仍有近50％的大熊猫种群并未在现有保护区的覆盖范围之内，而一些已经划定的保护区因为人类活动的影响，早已不再适合大熊猫的栖息。原有保护区的改造和新保护区的设置都需要更多的资源，投入不足依然困扰着大熊猫的就地保护工作（解焱，2004）。

而与大熊猫保护相比，其他野生物种保护所获得的资源投入就更为有限，且常常以短期项目形式，而非长期、稳定投入的形式获得。投入不足、投入不均，仍然是困扰中国生物多样性保护的重大问题（国家环境保护总局，2007）。

2. 民间组织的角色

中国的环保民间组织在生物多样性保护方面一贯发挥着重要作用。自民间组织诞生之日起，他们就在不遗余力地面向公众开展生物多样性保护的宣传教育工作。保护大熊猫、保护藏羚羊、拒绝鱼翅、抵制活熊取胆等一系列事件引发了对于动物保护的强烈关注。随着自身规模的扩大和专业性的提高，中国的民间组织得以更多地参与到野生动物保护的实践当中。1995年，环保志愿者杨欣发起了"保护长江源，爱我大自然"活动，并筹资在可可西里建立了索南达杰自然保护站。自然之友、地球之友、绿色江河等环保组织参与了西部工委的合作，他们组织多批环保志愿者协助参与科学考察,设施维护,对当地牧民、游客、青藏铁路建设者进行环保宣传教育等活动。与政府相比,民间组织可以用更加灵活、多样的方式开展保护实践,从而更好地发挥当地社区和传统文化的积极作用。在青海三江源地区,当地的藏族居民信仰藏传佛教,有厌恶杀生的传统文化。具有神圣地位的神山圣湖,由于人迹罕至,生态系统也得到了很好的保护。山水中心在保护实践中,充分发挥当地寺庙、僧侣在百姓中的威望,由寺庙出面,在宗教法会上结合藏传佛教教义和文化传统宣传生物多样性保护的知识理念,并组织当地百姓参与到保护区巡逻、基础生态监测工作中,达到了事半功倍的效果。

2003—2005年的"怒江水电之争",是中国的环保民间组织第一次大规模介入国家大型项目的建设决策之中。民间环保组织通过各种渠道向国内外发出了反对在怒江建坝的声音。反对的理由之一是怒江上游所在的流域依然具有丰富的生物多样性资源。从生物多样性保护的角度而言,水电工程蓄水将动水变成静水,容易引起水质的恶化。河流的流速、水温、水深、盐度、溶氧等理化性质的变化,间接改造了水生生物的生境。而对于洄游鱼类,水坝更是直接阻断了它们洄游的路径。这些都会对原有水生生物的生存造成极大的影响。有研究认为,水电开发是世界上1/5淡水鱼濒于灭绝或灭绝的原因(麦卡利,2005)。但是,水电开发对水生生物多样性的影响既没有得到足够的重视,同时又没有适当的、定量化的方法对其进行估值。

3. 综合的生物多样性保护

生物多样性的保护,需要更多方面的参与,需要更新的思路和方法。

过去20年间,无论是中央政府、地方政府还是普通民众,对于生物多样性保护的认识都有了极大的变化和进步。对中央政府来说,生物多样性保护是国际责任和国家发展的保障;对地方政府来说,保护生物多样性是必须重视的重要工作;对公众来说,保护生物多样性是一种先进的、能够提供更好生活环境的价值理念;而对当地居民来说,生物多样性保护直接影响着他们的利益和生活质量。将对生物多样性保护态度的进步反映在保护成效的进步之中,需要发动各方的积极性,通力合作。

通过绿色经济推动可持续发展目标是当前的趋势,而生态补偿是其中的重要做法。通过建立起生态补偿的政策和市场机制,当地社区和政府从生物多样性保护的生态系统中得到的收益可以与开发利用资源的收益媲美,使当地社区和地方政府有动力去从事生物多样性的保护工作,从而兼顾了保护和发展。退耕还林、还草工程就是生态补偿的实例;而各个地方也在尝试出台生态移民、矿产开发、水利开发等地方性政策,推进生态补偿工作,例如,浙江省已经在全省范围内实现了全流域生态补偿。

另外,将保护地居民视作生物多样性保护的对立面的传统观念需要修正。无视民生和经济发展的保护是难以持续的,而通过合理的政策和管理,保护地经济的发展并不需要以牺牲自然环境为前提。当地的居民可以成为保护的主体,并从家乡的可持续发展中获益。同时,地方的传统文化、地方性知识,可以在保护工作中发挥重要的作用。在三江源自然保护综合试验区中,就将更为广泛地开展这方面的实践与尝试。

三、问题与挑战

(1) 生态系统服务功能下降

由于巨大的人口压力和经济的快速发展,中国自然生态系统退化的趋势还没有得到遏制,生物多样性的丧失仍然在继续,对自然的保护力度不及对自然开发和利用的速度,因此"生态恶化—过度利用—再恶化—再利用"的恶性循环愈演愈烈。一方面,生活在偏远地区的贫困人群由于生态系统的恶化陷入进一步的贫困;另一方面,小部分拥有资本的人有条件进行资本与资源之间的快速转换和积累,进而加剧了生态环境的恶化。与此同时,由于中国经济的持续快速增长和对资源利用的低效,中国对部分资源的需求已经远远超过了自己的土地和资源的承载力。

(2) 保护区有效性不足

从保护区划分来看,中国的自然保护区总面积虽然很大,但重要原因是西部地区的几个面积巨大的巨型保护区的存在。这类保护区的有效管理难度很高。而东部地区许多保护区面积很小,十分破碎,难以起到保护的目的。在现有法律体系下,由谁来代表保护区,界限不清,权责不明。也有一些时候,在同一地块上的不同资源由不同部门管理,部门之间缺乏综合规划和管理的机制。

目前,国家对保护区的投资往往只有对国家级保护区一次性的基建投入,而人员工资和日常运行费用并没有列入国家的财政预算中。一些省将部分保护区(主要是国家级、省级的大型保护区)的经费列入了省财政,但相当多的保护区由地方财政(常常是县级)负担,这对保护区所在的县,特别是西部经济力量薄弱的县无疑是雪上加霜。资金投入的不足导致保护区员工收入低,人力不足,难以吸引高质量的人才等等,使保护成效大打折扣。

而与投入不足相比,各个保护区得到的资源不均衡则是更大的问题。中央财政提供保护区管理资金、来自国际的经费、发展旅游业得到的收入等均集中于国家级的大型保护区,而小型保护区得到的资金支持则极为有限。

(3) 相关法规及组织建构不完善

有关生物多样性保护的内容在《环境保护法》、《森林法》、《野生动物保护法》、《自然保护区管理条例》等法规中均有体现,但尚无规范的生物多样性保护和管理的综合性法规,这给具体的保护工作带来了很大不便。而且《自然保护区管理条例》的编写时间较早,遵循的主要是狭义的保护观念,对自然保护区的开发限制过死,既无必要,也不现实,而且给现实的保护区管理工作带来了很多限制。

同时,中国尚没有生物多样性保护的国家一级主管部门,保护和管理生物多样性的职责分散在环境保护部、农业部、林业局、住建部等诸多部门。由于缺少牵头机构,政出多头,各部门之间的合作协调尚未得到很好的解决。

(4) 城市居民的生物多样性保护意识需要提升

随着中国城市化进程的深入,城市人口数量不断增加。城市居民拥有较多的资源、较高的受教育水平和较强的行动能力,他们的意识与倾向具有极大的影响力。同时,城市居民缺少亲近自然的机会和对生物多样性价值的直观印象。因此,在广大城市人群中树立保护生物多样性的基本观念,使他们意识到生物多样性保护与城市发展息息相关,并为之创造更多接触自然,参与保护实践的机会,是政府和民间组织应当合作完成的任务。

四、政策建议

(1) 生态保护需要更多的投入

目前,生物多样性和生态保护的投入与面临的生态问题的严重程度不对称,致使生态保护任务难以落到实处。应该充分利用市场机制建立合理的、多元化的投入机制,不断拓展生态保护和建设投融资渠道。在加大政府投入的同时,积极引导和鼓励企业、社会参与生态保护和建设。建立健全生态审计制度,对生态治理工程实行充分论证和后评估,确保投入与产出的合理性和生态效益、经济效益与社会效益的统一。

(2) 加强科学研究,构建生态系统监测体系

加强对重点物种、重点生态系统的科学研究,获取和积累基础科学数据。开展生态系统脆弱区和敏感区的监测,建立生态监测和预警网络,提高生态系统监测能力,在此基础上对生态环境质量进行评价。

(3) 推动生物多样性保护价值体系的建立

要实现绿色经济的目标,需要对生物多样性的价值建立可量化的价值评价体系。同时,完整的绿色国民经济核算至少应该包括可以量化的自然资源耗减成本和环境退化成本,并用于污染治理、环境税收、生态补偿、领导干部绩效考核制度等环境经济管理政策之中。同时,生态补偿机制应当在更多领域进行推广。

(4) 建立跨部门、高层次的生态保护决策机制和机构

长期以来,部门利益一直是生物多样性和生态保护中一个难以解决的问题。这与生态保护在整个国家的战略地位极不相称。为了使生态保护的工作真正上升成为国家利益,有必要成立一个超越部门的国务院水平的"生态保护工作领导小

组",以协调不同部门之间的利益,协调保护与发展之间的平衡,以提升保护政策的科学性和有效性。

(5) 为民间组织参与生物多样性保护提供支持

中国的民间组织已经是生物多样性保护工作中的重要力量,正在发挥着越来越大的作用。从根本上说,生物多样性的保护需要全民参与,特别是要发动保护地居民和社区的积极性和力量,民间组织可以通过更为灵活的方式,充分利用各方面的力量进行保护工作,并可以协助公众更好地发出自己的声音。在生物多样性保护方面,民间与官方的不同视角相互补充配合,能够促使保护工作更好地开展。政府应当完善民间组织管理的相关政策,并建立对民间环保组织的支持体系,让民间组织在生物多样性保护方面发挥更大的作用。

(6) 承担国际责任

作为一个大国和生物多样性最丰富的国家之一,中国生物多样性保护成效的影响力决不仅限于本国,而对整个亚洲地区乃至全球都具有重大的影响。按照相关的行动计划,中国政府应当在 2020 年之前使公众理解生物多样性的价值,减少环境压力,扭转生物多样性减少的趋势,并使更多人从生态系统服务功能的正常发挥中受益。同时,中国在改变食用野生动物、控制野生动物贸易等方面,也需要做更多工作。在生物多样性保护领域,中国应当承担起一个大国的国际责任。

五、小结

过去的 20 年间,中国在生物多样性保护方面开展了一系列工作,取得了一些阶段性成果,但中国生物多样性局部好转、整体恶化的大趋势并没有得到根本性的扭转。要评估这一阶段中国生物多样性保护的成果并不乐观,因为诸多事件与政策的得失仍需要时间彰显。可以肯定的是,生物多样性保护是一项综合性的工作,离不开各个方面的参与和支持,保护生物多样性意识的提升,必将成为保护工作更进一步的财富。同时,国内外的保护实践说明,成功的保护实践离不开民间,尤其是保护地当地居民的参与。通过更加综合的方式,可以使中国的生物多样性保护工作取得更大的成效。

朱子云　北京大学生命科学学院保护生物学专业博士研究生在读,积极参与青海三江源地区的生物多样性保护工作,关注传统文化与生物多样性保护之间的结合。

参考文献

1. P·麦卡利. 2005. 大坝经济学. 北京:中国发展出版社.

2. 法制日报. 2004. SOS:救救普氏原羚. (2004-05-24) http://news.sina.com.cn/c/2004-05-24/08442609616s.shtml

3. 国家环境保护总局. 2007. 中国履行生物多样性公约评估报告. 北京:中国环境科学出版社.

4. 国家林业局. 2006. 全国第三次大熊猫调查报告. 北京:科学出版社.

5. 南方都市报. 2011. 不该被遗忘的"野牦牛队". 获取地址:http://epaper.oeeee.com/A/html/2011-12/20/content_1537689.htm.

6. 解焱. 2004. 我国的自然保护区体系空缺分析. 绿色中国, 10.

7. 中国环境与发展国际合作委员会. 2004. 综合评述:中国自然保护区管理体制. 北京:[出版者不详]

8. 中华环保联合会. 2006. 中国环保民间组织发展状况报告. 环境保护, (10):60-69.

9. 中国环境报. 阿尔金生态保护民间在行动. (2002-01-13) http://www.envir.gov.cn/info/2002/1/131555.htm.

10. 中国生物多样性国情研究报告编写组. 1998. 中国生物多样性国情研究报告, 北京:中国环境科学出版社.

第七章　中国自然保护区建设
——从数量扩展到质量提升的挑战

摘要

自然保护区建设是协调社会、文化、经济等发展活动与维护自然生态平衡,确保生态安全,促进可持续发展的重要"杠杆"。中国自然保护区建设围绕履行《21世纪议程》生物多样性保护承诺,在抢救性保护思路下,实现了数量和面积规模的大幅提升,管理、投入、合作、社会参与等不同程度改善。本章分析了影响中国自然保护区发展中空间布局不均衡,与边界不清、经济发展压力大、投入缺口、公众参与机制缺乏等关键问题与挑战,提出了保护地系统规划、建设重心调整、参与机制构建、激励机制及投入机制创新、生态补偿、宣传普及等相关政策建议。

大事记

- 1992 年 2 月,国家环保局通知成立第一届国家级自然保护区评审委员会。
- 1993 年 7 月,中国人与生物圈国家委员会、林业部、农业部和国家环保局等部门共同发起组建成立"中国生物圈保护区网络"。
- 1994 年 12 月 1 日,《中华人民共和国自然保护区条例》正式施行。
- 1995 年 6 月,全球环境基金(GEF)"中国自然保护区管理"项目启动。
- 1995 年 5 月,国家科委批准由国家海洋局公布施行《海洋自然保护区管理办法》。

- 1998 年 10 月,世界自然基金会(WWF)、保护国际基金会(CI)、大自然保护协会(TNC)在成都联合召开长江上游生物多样性热点地区保护规划研讨会。
- 2002 年 6 月,许智宏等 22 位院士呼吁国家增加自然保护区投入。
- 2009 年 8 月,环境保护部印发《国家级自然保护区规范化建设和管理导则》(试行)。
- 2009 年 9 月,财政部、国家林业局联合印发《林业国家级自然保护区补助资金管理暂行办法》。
- 2010 年 12 月,国务院办公厅印发《关于做好自然保护区管理有关工作的通知》。

一、中国自然保护区的发展

中国生物多样性保护和自然保护区建设面临巨大挑战。为兑现履行《21 世纪议程》承诺,中国政府制定通过了《中国 21 世纪人口、环境与发展白皮书》(1994),提出了生物多样性保护和自然保护区建设目标。过去的 20 年,中国自然保护区建设呈现长足发展,成效显著,为缓解中国经济快速发展对生物多样性和环境保护的压力,维护中国国家生态安全、地区及全球生态安全,产生了难以否认、不可低估的巨大作用。

(1) 自然保护区的数量和面积规模成倍增长

截至 2009 年末,中国已建各类保护区 2541 处,总面积 14774.68 万公顷,占国土的比例达 15.39%。其中国家级保护区 319 处,面积 9267.1 万公顷(环境保护部数据中心,2012)。与 1991 年末相比,保护区总数和面积增幅分别为 258.9% 和 162.43%。国家级保护区增加 242 处,增幅 314.29%。除保护区外,其他类型保护地也快速增长,如林业部门同期建立了 5 万多处总面积 150 多万公顷的各类保护小区及 2458 处面积 1652.5 万公顷的森林公园(张红梅等,2010)。初步估计全国各类保护地总面积占中国国土面积的比例已超过 18%。

(2) 自然保护区管理逐步改善

国务院 1994 年颁布实施的《自然保护区条例》确立了以环境保护部门为综合管理部门,林业、农业、水利、海洋等为分类业务主管部门的行政管理体系,呈现出综合统筹与分类管理新格局,初步实现了统筹、统一与分类管理目标。国务院多次下发加强保护区管理通知,环境、林业、财政等发布了多部保护区管理技术标准和规范。保护区管理机构与人员配置也持续增加,如林业部门分管的 2035 处自然保护区中有 1135 处设立了管理机构,占保护区总数的 56%;管理人员总数达 35 385 人(国家林业局野生动植物保护与自然保护区管理司,2010),而有能力进行数字化巡护监测和科研的保护区日益增多。

(3) 自然保护区建设资金投入增长

据国家机关保护区管理专家介绍,2005 年以来,中央财政对保护区的年均投入超过 2 亿元,其中 2011 年,基础设施与能力建设总投入约 5 亿元。2000 至 2010 年的 10 年间,中央财政对国家级森林和野生动物类型、湿地类型自然保护区的投入总量达 25 亿元(国家林业局野生动植物保护与自然保护区管理司,2010)。2011 年,又启动实施了中央财政对国家重点生态功能区转移支付政策。同期,地方各省、自治区、直辖市财政对保护区的投入虽有较大差别,但总体上呈增长趋势,如广东省财政在 2000 年前,对保护区年均投入不足 200 万元,2000 至 2010 年间达到 1.6 亿元(中国新闻网,2011)。

(4) 自然保护区国际合作加强

1991—2011 年,中国加入联合国教科文组织"人与生物圈"保护区网络的保护区由 10 处增加到 28 处;被列入国际重要湿地的保护区由 6 处增加到 37 处。有至少 18 个保护区被列入世界自然遗产地范围,有 16 个保护区加入东亚-澳大利亚涉禽迁徙网络,有 9 个保护区加入东北亚鹤类保护网络。通过政府间及与世界银行(World Bank)、全球环境基金(Global Environment Fund)、世界自然基金会(WWF)、保护国际(Conservation International)、美国大自然保护协会(The Nature Conservancy)等国际组织之间的合作,引入参与式管理、社区共管、协议保护,一定程度上推进了保护区的有效管理。

(5) 社会参与保护区建设语境日益改善

相关利益者、公众参与保护区管理和重大事项决策平台在各个时机、各个层面初步建立,交流通道日益开放,公众参与机会改善;社会公众参与保护区建设积极性较大程度提高,国内外民间环保社团,以多种方式、不同程度地参与和推动着自然保护区建设和管理,也出现了私营企业主和社会企业参与自然保护区建设现象,如四川余家山县级保护区由企业主申请建立,而"四川西部自然保护基金"则是社会企业为参与社会公益型保护地建设共同发起成立的基金。

二、民间环保组织推动自然保护区建设的努力

在中国,推动保护区发展的环保组织既有国内的也有国际的。就国际民间环

保组织而言,1996 年之前,除 WWF 外,与中国政府开展自然保护合作的国际非政府环保组织极少,合作领域窄,项目也不多,规模也非常小。而到 2011 年,至少有 WWF、CI、TNC 等几个大型和一些中小型国际非政府组织在中国较长期地开展自然保护合作。在国际合作项目中,保护区更希望通过项目能够提高保护区管理能力。很多保护区从业人员认同 WWF、CI 等机构在保护方面采取的思路和理念,如通过帮助开发替代生计,减轻社区发展对保护区的资源压力,推动社区配合保护区工作等。

案例 1　WWF 与王朗国家级大熊猫自然保护区

　　WWF 在 1996—2002 年间开展的"平武县综合保护与发展项目(ICDP)"被认为是国际民间环保组织推动保护区建设的经典例子。项目关注的王朗国家级大熊猫自然保护区,在项目实施前,管护能力弱,工作停留于"看山管林"阶段,社区生计发展与保护区保护冲突明显,保护区与社区关系紧张。1996 年,WWF 与国家林业局合作,在王朗启动了"保护区有效管理项目",在取得初步成效基础上,认识到仅从小区域着手不能解决王朗保护区根本问题,必须从更大范围、更高层面来思考和切入。于是在 1999 年实施了 ICDP 项目,帮助王朗及所在平武县林业局提高自然保护区管理能力,探索周边社区可持续替代生计。项目实施了七项关键活动:① 引入参与式理念,制定和实施王朗自然保护区管理计划;② 开展生物多样性监测,建立数据库,尝试数据化管理;③ 实施区域反偷猎巡护;④ 开展自然保护区能力建设;⑤ 试点开发并认证生态旅游;⑥ 探索周边社区可替代生计发展;⑦ 森林分类管理。项目取得了极大成功,改变了王朗管理理念,提升了综合管理能力与水平,推动该区于 2002 年成功晋升为国家级自然保护区,成为中国林业行业合作示范及国内保护区建设典范。今天,生态监测、能力建设以及社区生计等活动已经在中国越来越多的保护区内推广开展。该项目成功的原因在于,为解决王朗保护区问题,跳出王朗,站在县域甚至更大区域、更高角度,看问题,找根源,使问题与症结分析更系统、全面、准确,加上项目实施过程采用参与式决策理念,使确立的对策更切合当地实际,同时也有效地调动了当地政府机构、官员、社区和居民各个层面的积极性。

三、自然保护区建设中的问题与挑战

中国自然保护区建设在"抢救性保护"理念驱动下,保护区数量和面积规模显著增长,但存在着许多在当时考虑不够周到、规划不尽合理、工作没有完全落实到位,以及后期也还没有及时跟进的地方,需要重新审视、评估、落实、完善,以及甚至需要通过改革才能达到效果的诸多问题与挑战。

(1) 保护区空间布局不均衡,边界落实率低

已建的 2541 个保护区占国土面积的比重超过 15%,但如排除中国西部的羌塘、阿尔金山、可可西里、三江源等几个巨型保护区,其余保护区面积总和占国土面积的比重还不足 5%,而且已建立的自然保护区中,仅仅 13% 有明确、清晰的边界(北京大学自然保护与社会发展研究中心,北京山水自然保护中心,2010),这不仅不符合规范管理要求,也难以保障管理措施的有效性。格局不均衡与中国自然地理、社会经济条件及国家早期自然保护区规划管理滞后等因素分不开,而保护区边界不清晰则与申报建立保护区时的前期准备不充分、保护区边界现地划界任务重、保护区审批过程审核监管未到位等因素有关。

(2) 保护区面临日益增大的经济发展压力

与国际自然保护联盟(IUCN)的自然保护区管理分类标准,以及国际上其他发达国家自然保护区的管理模式不同,中国保护区采取"核心区、缓冲区和实验区"三级功能分区、分类的管理模式,允许在保护前提下,在实验区内适当开展生态旅游等生产性活动。这种机制在协调保护与发展矛盾的同时,也给保护区自身管理带来了很大挑战。最为突出的是,近年来,随着中国大力发展生态旅游等产业政策的驱动,各级地方政府把保护区生态旅游开发作为创新经济增长点的重要措施热火朝天地建设。同时,由于开发管理过程的调控难度大,产生出很多负面后果。实际上,政府和保护区管理部门也早已意识到经济发展带来的强大冲击。国家林业局、环境保护部近年来相继出台了很多强化管理政策,规范涉及保护区的开发行为和审批程序。2010 年,国务院办公厅专门印发《关于做好自然保护区管理有关工作的通知》(国办发〔2010〕63 号),要求各地强化保护区管理,但是保护与开发的矛盾不仅始终存在,而且还可能越来越尖锐。

(3) 地方政府发展保护区的积极性下降

来自西部地区的种种信息表明,近年来,随着工业化、城镇化等快速推进和涉及保护区开发建设的审批要求严格化、程序规范化,地方政府对保护区发展建设的认识纠结。一些地方政府由于顾虑建立保护区或已建立的保护区管理级别升高后,涉及保护区的一些能源、道路或者旅游发展项目审批会受到制约,对规划新建保护区或对已建保护区申报升级低调甚至不主张。

(4) 中国保护区管理缺乏公正的监管机制

《自然保护区条例》规定了环境保护部门为综合管理部门,其他行业分别管理本行业下的保护区,但环境保护部门在综合指导与监管全国保护区的同时,自身还分管着本行业下的保护区,既当裁判又当运动员,角色混乱,导致其无法客观、公正地履行综合与监管职责。

(5) 社会公众参与机制尚未形成

在一些保护区的合作项目和日常管理中,面对积极性日益高涨的社会公众参与诉求,不同层面的保护区行政主管部门或管理机构虽然在态度上表示欢迎,在方式上予以机会和途径,但是将公众参与作为管理中的要求和重要环节,还没有从机制上给予构建和规范。造成这一情况的原因很多,其中有传统管理文化的影响,也有现行决策机制上的制约。不过,随着中国自然保护区国内外合作项目的大量开展,参与式、社区共管,或者以社区为基础的自然保护区管理在中国出现更多的实践尝试。三江源自然保护区的实践对于社会公众参与机制的形成有相当的参考价值。

案例2　三江源自然保护区的保护实践

三江源即长江、黄河和澜沧江源头,是中国乃至亚洲最重要的水源地,是世界高山植物最丰富的区域,也是中国生物多样性最丰富和独特的地区之一。据北京山水自然保护中心介绍,2005 年以来,青海省林业局、三江源保护区管理局在北京山水的协调下,会同北京大学自然保护与社会发展研究中心及当地非营利环保组织,在当地开展了相关保护工作,其中最重要的一项就是支持基层和社区的保护行动。以协议保护和社区保护小额基金等形式,培养社区领导力,支持社区牧民全面参与生态保护的实践,包括自然环境监测、社区自然资源管理、社区野生动物巡护监测以及环境教育和文化传统保护和传承等。截至目前,三江源地区社区保护地覆盖范围超过 5000 平方千米,一个由多家基金会、民间组织、社会企业等组成的"三江源保护的思考与行动"公益联盟也已经建成。三江源保护区开展的涉及广大社区的协议保护让我们认识到,尊重社区,注重保护区工作思路与方式,将保护与社区文化、社会和经济适当地结合起来,利于和当地社区建立信任,利于赢得社区居民欢迎和能动参与。

(6) 保护区成效评估与公众宣传严重不足

中国保护区建设历史已经 50 多年,一些行业,如林业部门,已开展过行业内部保护区评价,但一套被全国各级保护区行政主管部门普遍接受的、相对成熟的,且保护区自身也易于操作的成效评价体系尚未形成。一个保护区管理得好不好,无法清楚地告诉社会公众。此外,如何将保护区管理成果恰当地向社会公众展示,让社会各界对中国保护区的分布、保护目的、保护对象更加了解,增强对保护区工作的认知与参与,也有待研究和探索。

(7)保护区建设资金投入缺口巨大

目前中央财政对保护区建设投入集中在国家级保护区。而数量占 87.45%、面积占 37.28% 的省级、市(州)级和县级保护区,在投入机制上由地方财政负担,受各地经济发展水平限制,这类级别的保护区大多缺乏建设资金,尤其是市(州)与县级保护区的经费投入渠道更少,有的基本没有投入。与此同时,鼓励和吸引社会资金参与自然保护建设的法律法规和政策研究没有及时跟进。

(8)关乎"保护区"命运的具有自然保护功能的国家自然"保护系统"规划与协调管理机制缺乏

中国目前具有自然保护功能的各类"保护地",例如自然保护区、森林公园、湿地公园、地质公园、风景名胜区在当下的面积总和占国土面积的比例已超过 18%,这个比例是否已能满足中国生物多样性保护、国民游憩体验、生态环境教育的基本需求? 如果不够,是哪一类型"保护地"存在空缺? 在什么地方? 有待尽快研究,提出战略建议和决策指导。

四、政策建议

政府,不仅肩负着发展经济,使国家富强、人民富足的重大使命,也承担着维护生态安全的使命。虽然这两大使命的平衡和协调,对于任何国家、任何政府、部门及个人来说,都极其困难,但政府必须义无反顾地坚持和努力。而民间社会,尤其是民间非政府组织与人士,也需要以务实、客观和前瞻的眼光,以最大可能的参与,推动、协助和帮助政府做好自然保护区的协调发展与管理。企业在追求利润最大化的过程中,应把社会责任作为重要任务自觉履行。依据前述分析,主要提出如下政策建议:

① 打破部门壁垒,围绕国家生物多样性保护、生态安全维护的总体目标,从国家层面,对中国目前具有自然保护功能的各类"保护地",进行全面系统的调查、评估,提出针对"保护地"发展的总目标、总布局(地理空间和性质类别)、发展战略以及相关政策,构建新的保护地及管理体系。

② 规范综合监管与分类管理,改变自然保护区建设思路,将重心从过去的数量扩展向质量提升转移,建立保护区管理成效评价体系、机制,实施保护区有效管理,培育各级保护区管理能力,促进中国保护区质量提升。

③ 从政策、机制上构建和提供参与平台,鼓励公众、民间环保机构在各个层面参与相关自然保护区的决策、监督,保障决策公开、透明,实施务实。

④ 改革投入创新机制,鼓励有责任的本土社会企业或非政府环保组织,探索在国家宏观管理之下的自然保护区建设新模式。

⑤ 研究和出台自然保护区生态效益补偿和扶持政策、机制,通过立法,确保以提供生态功能服务为主要功能地区的广大群众享受应有生活质量和水平,让以维护国家生态安全为重点任务的地方政府,把思路和精力从以牺牲生态为代价来提升本土经济发展的无奈纠结中解放出来,自豪踏实地抓自然保护区建设。

⑥ 加强自然保护区保护成效的公众宣传与普及,增强公众对自然保护区的感性认识、关注和参与。

五、小结

本章简要地回顾了过去二、三十年中国自然保护区的发展,分析了面临的问题和挑战,同时展示了民间环保组织推动保护区建设的典型案例,提出了未来促进中国自然保护区协调、可持续发展的主要政策思路。

中国在已建成的自然保护区数量和规模上已达到较高水平,但从自然保护区的可持续发展的要求来看,保护区建设仍有很多要改善的地方。自然保护区建设重心应从"数量扩展"向"质量提升"转移,要创新机制、搭建平台,鼓励社会参与,探索新模式,建立保护区生态补偿扶持机制,协调有序地推动中国自然保护区建设更好地服务于国家生态安全和社会经济可持续发展。

张黎明 高级工程师、发展管理学者。长期关注和致力于推动政府之间及政府与国内外非政府公益组织之间在生物多样性保护、社区可持续发展、应对气候变化等领域中的交流、合作与创新发展。现为四川省野生动植物保护协会理事。

参考文献

1. 北京大学自然保护与社会发展研究中心. 北京山水保护中心. 2010. 中国保护地的成效——现状及改善措施. 第一期,保护区成效评价的可行性和方法. 北京:[出版者不详].

2. 国家林业局野生动植物保护与自然保护区管理司. 2010. 全国林业系统自然保护区统计分析. 北京:[出版者不详].

3. 国家林业局野生动植物保护司. 2007. 中国自然保护区立法研究. 北京:中国林业出版社.

4. 国家环境保护部副部长李干杰谈中国环境状况并答记者问(摘要). (2011-06-03) http://www.3nss.com/Portal/Detail.aspx? InfoID=9916335&FormID=98.

5. 国务院办公厅《关于做好自然保护区管理有关工作的通知》(国办发〔2010〕63号). (2011-03-03) http://www.cntms.org/shownews.asp? ClassID=285&id=800.

6. 国务院关于印发全国主体功能区规划的通知. (2011-06-08) http：//www. gov. cn /zwgk /2011—06 /08 /content_1879180. htm.

7. 蒋明康，薛达元，常仲农，赵宏. 1993. 我国自然保护区建设及其对生物多样性的保护. 农村生态环境. (3)：9-13.

8. 刘锐，陈京华，王玉柱. 2010. 自然保护区社区发展理论与实践. 北京：中国大地出版社.

9. 张红梅. 2011 年影响我国森林公园发展的十件大事. (2012-01-11) http：//www. lvhua. com /chinese /midlvhua /info /infodetail. asp? id = A00000040408.

10. 张红梅，龙琳. 2010. 我国森林公园总数已达 2458 处. (2010-04-27) http：//www. green-times. com /green /econo /slly /cyzx /content /2010-04 /27 /content_89441. htm.

11. 中华环保联合会. 中国民间环保组织发展状况报告. (2008-11-24). http：//www. caep i • org. cn /industry-report //6245. shtml.

12. 中华人民共和国环境保护部数据中心. 全国自然保护区名录 (截至 2009). (2012-04-16) http：//datacenter. mep. gov. cn /main /template-view. action? templateId_ = 8ae5e48d267076 1801267088e590000b.

13. 中国新闻网. 广东 10 年新增自然保护区 300 个，数量全国最多. (2011-03-29) http：//www. chinanews. com /df /2011 /03-29 /2937334. shtml.

第二篇

经济和技术

第八章　土地利用：深层改革势在必行

摘要

20世纪90年代至今,中国在土地利用方面取得了有目共睹的成就,城乡土地格局和面貌发生了巨大变化,但期间所积累的经济、社会、环境矛盾也越来越突出。本章探讨未来土地利用深入改革主要面临几大方面的挑战:"土地财政"的破解、城乡土地制度的统筹;土地规划的多规冲突、土地监督管理的执行、公众参与的深入等;审思中国土地利用的问题和挑战;提出以下政策建议:彻底改革现行的征地制度和政府经营土地制度;加快城乡土地统筹,建立集体建设用地准入市场机制;完善法律体系,建立权威的且综合考虑经济、社会、环境综合目标的土地规划体系;加强对管理机构的监督机制,引入第三部门和公众监督机制;完善公众参与制度,形成体现公众意愿而不是长官意志的土地规划。

大事记

- 1992年,财政部《关于国有土地使用权有偿使用收入若干财政问题的暂行规定(废止)》第一次提出将出让土地使用权所得称为土地出让金。
- 1994年的分税制改革后,地方财政收入下降了30%,而地方政府所要承担的事权并没有相应减少,于是土地财政应运而生。
- 1999年1月1日施行的第二版《中华人民共和国土地管理法》,明确了土地的所有权和使用权、土地利用总体规划、耕地保护、建设用地、监督检查、法律责任等原则。与1988年版相比,更强调加强土地用途管制,实行占用耕地补偿制度和基本农田保护制度。2004 年第三次修订,进一步强化了对建设用地的控制,并明确征地制度内涵。

- 2007 年 10 月 1 日,《物权法》实施,再次确认平等保护私有财产的精神。在行政区权力独大的现实环境中,《物权法》的出现,或许是对城市规划权力的一种制衡。
- 2008 年 10 月 23 日,国务院发布关于印发《全国土地利用总体规划纲要(2006—2020 年)》的通知,《纲要》以坚守 18 亿亩耕地红线为前提,强调对建设用地的控制。
- 2011 年,《国有土地上房屋征收与补偿条例》出台,行政强拆退出历史。该《条例》强调,任何单位和个人不得采取暴力、威胁或者违反规定采取中断供水、供热、供气、供电和道路通行等非法方式迫使被征收人搬迁,禁止建设单位参与搬迁活动。

一、综述

土地资源是人类赖以生存并开展各项经济社会活动的根本所在。土地的利用作为一项涉及每个人切身利益的公共事务,不仅要适应经济社会发展的需求,还承担着自然生态与环境保护、维护社会公平等职能。过去 20 年,中国的工业化、城市化取得了举世曙目的成就,可以说土地资源功不可没,但期间所积累的经济、社会、环境矛盾也越来越突出。本章主要分析中国 1992—2011 年这 20 年期间在土地资源利用方面取得的成绩和面临的挑战。

中国的国土(陆地)面积约 9 600 000 平方千米,位居世界第三。但是人均国土面积仅及世界平均水平的 35%,可利用土地特别是可耕地不足(中国社会科学院城市发展与环境研究中心,2008)。

20 年来,在 1988 年版的基础上,两次修订《中华人民共和国土地管理法》,确立了土地用途管制制度,以代替原分级限额审批制度,强化了土地利用总体规划和土地利用年度计划的法定效力;两次颁布全国土地利用总体规划纲要,构建了土地控制的指标体项,从总量、增量和效率三方面实施指标控制,增强了国家宏观调控土地利用的能力。中国的土地资源利用和管理走向有法可依的轨道,为协调各业用地奠定了基础,推动了我国现代化建设进程。

然而,近年来随着社会经济的迅猛发展,中国工业化和城市化的步伐加快,用地需求不断扩张,人地矛盾更加尖锐,土地管理法律法规在实际土地利用中未得到切实有效执行,城镇建设用地规模盲目扩大。中国社会科学院发布的《2009 中国城市发展报告》显示,进入 21 世纪后(2000—2007 年)全国城市建成区面积平均每年扩大 1861 平方千米,比 90 年代几乎加快了 1 倍(潘家华等,2009)。城镇建设用地盲目扩大规模的后果是严重的。

　　首先,造成耕地流失严重,生态用地空间受到挤压和破坏。大量的土地从乡村面貌、自然面貌变成了城市建设区,造成耕地流失严重、水资源稀缺、能源压力、环境污染以及生态用地受挤占等问题,对土地生态安全构成威胁。城市蔓延所需要的扩展用地 70% 占用的是耕地,这在东部沿海地区和成都平原尤为普遍(谈明洪等,2004)。虽然国家要求占用耕地需要"占补平衡",但这些地区的耕地生产力高,一旦丧失很难用开发荒地来弥补。

　　其次,城市建成区内大规模的建设也对城市内的自然生态带来重大影响。据央视《新闻 1＋1》报道,素有"百湖之城"美称的武汉,自新中国成立以来,城区的湖泊从 127 个锐减至目前的 38 个。武汉第二大湖沙湖周边尽是 2005 年之后的新楼盘,每平方米均价在 8000～12000 元之间(叶檀,2012)。

　　其三,文化遗产空间也在城市土地重新利用的过程中遭到破坏。城市建设造成的非物质文化遗产破坏和人文代价难以计量,就连我国先后颁布的 113 个国家级历史文化名城,在城市发展的进程中都不同程度地遭受破坏,其他城市的建设更是肆无忌惮。令人痛心的事例有很多:襄阳的千年古城,幸免于改革开放前的各种社会运动,却因城市建设"大局"之需,于 1999 年 11 月 11 日一夜之间夷为平地;北京东城区的梁思成、林徽因夫妇故居,即使是 2011 年被列为普查文物,到头来还是在 2012 年年初被"维修性拆除"。

　　最后,造成土地纠纷增多,社会矛盾激化。多地方出现因强拆而与住户之间发生的冲突;2011 年 9 月,广东陆丰市东海镇乌坎村 400 多名村民因土地问题、财务问题、选举问题等诉求没有得到重视,而层层升级,演变成群体性冲突。从国家法制层面,2011 年《国有土地上房屋征收与补偿条例》出台,行政强拆退出历史。然而此后类似事件仍有发生。

　　总之,中国虽然通过颁布法律法规构建了土地管理的框架和具体指标,但实际上操作起来困难重重,这里面既涉及中央政府与地方政府的博弈,也事关政府利益与民众利益的协调,既有政治影响,也有技术难题。未来中国政府需要有足够的魄力去解决这些问题,包括推进土地制度深层改革、贯彻土地资源利用法律法规的落实、促进公众的有效参与、实现土地利用从粗放型向集约型的转变等。

二、中国土地利用面临的挑战

中国在新时期下推动土地制度改革面临着很多挑战,下面主要从"土地财政"、城乡用地统筹、土地利用规划、土地监督管理和公众有效参与五个方面来深入分析。

1. "土地财政"难题的破解

造成土地利用发展矛盾的原因既与经济发展、技术进步、社会观念改变等宏观环境有关,更是与近十几年来形成的"土地财政"制度密不可分。"土地财政"指地方政府在财政来源上过度依赖经营土地获得收入的政策。20世纪80年代以来,国家大幅收紧对地方经济发展的预算,加上1994年中央地方税制改革,把资金调配和区域发展的责任从中央转移到地方。"土地财政"成为分税制后地方政府财政收入的主要来源。从收入来源看,"土地财政"主要包含两大类:一是与土地有关的税收,如耕地占用税、房地产和建筑业的营业税、土地增值税等;二是与土地有关的政府非税收入,如土地租金、土地出让金、新增建设用地有偿使用费、耕地开垦费、新菜地建设基金等。目前,地方政府主要看重的是土地出让金。1999—2009年,政府土地出让收入从595.58亿元增加到1.59万亿元,占地方财政收入的比重从9.2%提高到48.8%(刘守英,2011)。到2010年,土地出让金超过3万亿元,占地方财政比重高达74.17%(管清友,彭薇,2011)。除了土地出让金,地方政府还广泛采用通过抵押土地来融资贷款。根据2011年第3号审计署的审计结果公告(中华人民共和国审计署办公厅,2011),2010年我国地方政府各类融资平台,总负债10.7万亿元,其中承诺以土地出让收入作为偿债来源的占1/4,共涉及12个省级、307个市级和1131个县级政府。

在法律政策框架内或者空白地带,地方政府获取土地出让金的方式多种多样。旧城改造和征用农村用地成为各地政府普遍采取的两大手法。旧城改造往往以大规模拆迁方式运作,迁走居民后,地方政府顺利从中拿地,以招标、拍卖、挂牌的方式出让,最终获取巨额土地出让金。征用农村用地则是因为在我国城乡土地二元机制下,农村用地无法直接进入市场流通,新增城市建设用地需要通过征收农村用地来取得。此外,在新农村建设过程中,各地有意无意地误读和利用城乡土地增减挂钩政策,其做法是通过"拆院并院"、集中居住的办法大量拆退农村宅基地,同时兴建标准不一的农村集中居住区,而"节余"出来的宅基地等农村建设用地则通过一系列操作,最终作为建设用地指标高价置换到城市。土地转换前后的价值具有巨大的级差,围绕着土地级差利益的分配形成了系列矛盾。在巨额的利益面前,旧城改造和征用土地当中暴力拆迁事件时有发生,社会公平和社会良知一次次被拷问。

此外,土地财政收入去向不透明一直被人诟病。在"土地财政"模式的发源地香港,土地批租和管理是分设不同部门,土地收益需统一纳入基金管理,主要用于解决住房问题。而在国内,土地财政收入属于政府财政预算外收入,除了一部分用于基础设施建设外,去向基本不透明。

因此,虽然由于"卖地"所得支撑了大量的基础建设和城市扩展,但地方政府对土地财政的严重依赖,扭曲了政府行为,加剧和放任了社会、经济和环境矛盾的激化,"土地财政"的实质是在透支未来,是一种透支未来社会收益来谋求眼前发展的方式。随着土地资源的供给紧张、经济成本和社会成本的不断提高,目前"土地财政"已经难以为继,从中央到地方各级政府需要果断决策,尽快采取有效措施,从根本上摆脱对"土地财政"的依赖。

2. 城乡土地制度的统筹

在现行的法律框架下,由于我国实行的是城乡二元的土地公有制结构,城市土地与农村土地的产权主体不同。城市土地属于国家所有,农村土地为集体所有。农民集体所拥有的农村土地产权是不完全的。集体经济组织只有土地占有权、使用权、收益权,而没有完全的处分权,农村土地只能通过国家的征收才能改变所有权主体和所有权性质。

随着城市建设用地指标的日益紧张和土地成本的高涨,大量的资本开始向乡村转移,其基本方式可分为两种:一是"捆绑开发"战略,通常以农业、旅游业、产业园区等项目形式出现。通过省级、国家级重点项目的申请,落实项目配套建设用地指标,并用于建设商业地产、旅游地产、住宅地产,以平衡投资。二是"无中生有"战略,通过围垦、"荒山"改造等形式向海洋、向山地争取土地资源。具体来看有以下几种具体方式:

(1) 农业立项

项目整体以农业立项,并以农业项目的名义向政府申请耕地整理、宅基地整理。由于农业投资回收期长,投资企业通常都会以农业园区配套项目的方式申请部分建设用地,甚至在非建设用地上通过建设木质别墅等非永久性建筑的方式规避政策,通过出租等方式获利。同时也通过对宅基地的重新整理、提升容积率的方式获得可出售的产权地产,用以平衡农业投资的中短期现金亏空。当然也不排除还有部分企业拿国家农业补贴,征农业用地,却完全没有农业开发,导致农企矛盾突出。

（2）旅游立项

项目整体以旅游项目立项,并以旅游开发的名义向政府申请耕地整理,获得园区建设所需要的用地指标。就当前来看,随着国家对别墅用地指标的严格管理,除在 2007 年以前拿到别墅项目用地的企业,后来进入的开发企业都在以"旅游度假区"的方式利用旅游项目申请用地指标,用来建设旅游地产项目。这其中有旅游项目投资周期长的因素,也有很大一部分因素来自地方政府对于高端商务接待需求不减。这也是为什么高尔夫、马术俱乐部用地被中央三令五申禁止,但实际上全国各地高尔夫、马术俱乐部等大量占用土地的高端旅游项目仍在蓬勃发展的原因。一方面投资商需要旅游项目来获得土地指标,并通过旅游地产来平衡投资;另一方面地方政府也需要高端旅游地产项目来改善地方投资环境。

（3）新城开发

对于地方政府和企业来说,继续在城市中寻找可利用土地,已经不再现实。于是,一些有实力的投资商逐渐把目光投向海洋、山区,政府和企业联手打造新城,进行土地一级开发,成为一种"无中生有"的手段。从广西钦州滨海新城沿中国东部海岸线往北,可以看到众多"滨海新城"项目,漳州港滨海新城、莆田妈祖城、温州鸥飞围垦工程、三门滨海新城、宁波北仑春晓滨海新城、东营滨海新城、天津滨海新城、盘锦滨海新城等等,这些项目都显示出企业和政府对土地开发的情有独钟。

从上述案例可以看出,在农业现代化、休闲与旅游的发展、城市新城建设等驱动下,很多城市功能和资本在逐步往乡村地区转移,农村的用地性质不再单一,城乡统筹的土地制度改革势在必行。

实际上,关于土地制度改革的讨论已经多年,"打破城乡壁垒,实现同地同价同权"、"建立城乡统一的建设用地市场"、"允许农村集体建设用地的非农用途"、"农村宅基地自由转让出租和抵押","放开小产权房"等言论占主流。但土地制度改革涉及面广、利益纠缠错综复杂,中央政府一方面在成都、海南等地试点;一方面国土资源部拟定的土地制度改革建议迟迟未能露面,这充分说明了中央领导的谨慎态度。

3. 土地规划的多规冲突

我国的规划体系包括国民经济和社会发展规划、土地利用规划、城乡规划、生态规划、文物保护规划、旅游规划、交通规划、功能区规划等,所有的规划要进一步实施,都将落实在空间上。

国民经济和社会发展规划是涉及空间,但不以空间为主。

土地利用规划是覆盖面最广、重要度最高的空间规划。国土资源部是土地利用规划管理的职能部门,也是土地利用规划的主导和审批部门。土地利用规划重点在于耕地保护及建设用地总量控制上。原则上与土地相关的各类产业规划以及城乡建设、生态环境建设等相关规划是要与土地利用规划相衔接的，土地规划与所有其他的规划也要协调。

城乡规划在 2008 年之前主要的影响范围集中在城市建设区范围内。2008 年《中华人民共和国城市规划法》修改为《中华人民共和国城乡规划法》，一字之改为规划做到空间全覆盖提供了法律保障，大大带动了乡村地区规划的开展。但在细化执行层面，仍然存在着很多法律空白地带或灰色地带。农村的土地，只要不是位于风景名胜区、自然保护区等保护性用地的范围内，除了基本农田在土地利用规划中特别强调保护、集体建设用地禁止建设住宅项目外，其他的土地基本上没有特别明确的用途规定。这就造成了乡村用地开发的混乱，不仅难以在总量和风貌上进行控制，一些违章违规项目也易于钻空子而难以取缔，如国家三令五申禁止的别墅、高尔夫、马术俱乐部等大量占用土地资源的项目，只要在用地上换个名称就可以继续存在。

主体功能区规划则是将国土空间划分为优化开发、重点开发、限制开发和禁止开发四类主体功能区，试图在国土空间开发管理思路和战略上进行重大创新。

在现有体制下，规划的不严肃性是经常遇到的尴尬。

首先，违法违规行为主体往往是政府或国企。随着近年来中央进一步加紧对土地利用的管理和监督，土地建设指标的审批越来越紧。而在这样的背景下，严重依托土地财政的地方政府借助规划大力开拓土地资源。比如，20 世纪 90 年代，各地经济开发区如雨后春笋般涌现，各地在规划中有意无意地不将其纳入到城市建成区中来，以此规避对建设指标的占用。再如，很多地方进行城镇规划时不是根据实际需要科学合理确定城镇建设用地规模，而是通过虚高规划人口等手段来修编城镇规划，盲目扩大城镇建设用地规模，掀起新的圈地势头。还有前面提到的农业立项、新城开发、旅游立项等都是通过规划来进行"合法化"。

其次，表现为多个规划之间的冲突。多部门多体系下，各个部门在做相关规划的时候都会充分地考虑到各自部门的利益，地方政府的利益也要求尽可能地在规划中体现，规划与规划之间难免打架。而具体到各种规划、各部门之间如何协调，并没有明确的法律依据，因此平级的相关部门之间协调起来难度很大。部门协调复杂，条块分割严重，导致了土地利用效率和服务能力的低下，更严重的是土地利用的失控。

4. 土地监督管理的执行

纵观近年来土地卫星遥感执法检查，全国违法用地、违规批准农用地转用和土地征收,以各种名义违规设立开发区和工业园区圈占土地的问题比较突出。违法用地屡禁不止,是地方政府主导的结果。现实存在的中央与地方政府的利益关系,直接导致了中央一系列土地调控政策难以得到有效落实。

究其原因,固然有制度、法制和机制等原因,但在监督管理上也有很大的改善空间。比如在土地规划、土地出让上缺少强有力的监管,特别是对重点部门的权力制衡不健全,重点环节的执行透明度低,违规操作和变相违规操作已司空见惯、心照不宣。因此有必要建立更强有力的行政问责制度和土地管理激励约束机制。

此外,中国的土地监督管理制度为内部管理,缺乏外部监督机制,公众参与程度较低,需要第三部门的介入监督。

5. 公众参与难以深入

土地利用是重要的公共事务,应该能体现各方面的利益,因而公众参与理应是土地决策中的重要环节。然而在现阶段,公众参与只停留在纸面上,利益既得者更容易操纵规划成果,弱势群体的利益很难在土地利用的规划中得到体现。

国内的土地相关规划的公众参与仅仅表现在"公示"层面,相关规划信息不够公开,各利益相关者和公众缺乏在规划前期就能广泛有效参与进来的渠道。社会底层的参事、议事途径不畅,社会不公平事件时有发生。相比之下,美国土地利用规划编制是自下而上、在公众参与下完成的。他们从基层的社区、城区做起,逐步向上归并,通过公告、召开听证会等形式,让专家、学者、社区公众参与反复讨论协商,尽量达成一个多方都能接受的方案。方案主要考虑公众利益和可持续发展的需要,不一定人人满意,但一般要经过半数以上民众讨论同意才可通过。

三、政策建议

中国土地利用涉及国内土地制度改革、政治改革、经济发展、社会民生、生态安全、法律政策等诸多方面。作为国土面积第三大的国家,中国政府应果断决策,尽快采取有效措施支持粮食安全及可持续发展,减少与土地有关的冲突,促进土地资源管理的改善,并应对动态发展的各项挑战;制定合理税收机制,从根本上摆脱土地财政的束缚,实现土地利用的可持续发展;制定更透明、负责、易使用、权威而且稳定的土地利用规划,以便私营部门投资、主管部门管理及公众监督;明确土地所有权和使用权机制,以保护产权并促进良好的土地管理;加大监管力度,果断打击违法违规行为,扭转土地滥用低效开发的现状。

基于上述分析,我们提出以下五条策略建议:

（1）彻底改革现行的征地制度和政府经营土地制度

完善土地补偿制度，保障个人合法权益。在土地政策方面，不仅要在规划层面更加贴近公众利益、注重环境保护和可持续发展，同时在征地补偿方面，也应该完善现有的补偿制度和监督机制。大多数因为征地而产生的社会群体性事件，其起因均为征地过程的不透明和征地补偿的不合理、不到位。因此，必须从制度上完善征地补偿结构，使得老百姓能够分享区域经济和社会发展所带来的成果，而非被迫承担经济和社会发展的成本。

在政府经营土地制度方面，其实土地财政本身并不可怕，"土地财政"实施的程序和相关利益分配方式才是关键。将土地财政的收益用于城市建设、住房保障和资源保护，使之形成"阳光财政"。同时，加快房产税和资源税的推进，为地方政府开辟稳定的财政收入来源。

（2）加快城乡土地统筹，建立集体建设用地准入市场机制

我们认为未来改革的目标是建立城乡统一的土地要素自由市场。但在现阶段需先做到三点：① 产权明晰；② 用途管制落实；③ 级差收益合理分配。

此外，不能指望农村建设用地入市来降低房地产虚高的价格，土地资源毕竟是有限的，而人类的欲望难填。从高居不下的空房率来看，政府更应该开放更多的投资机会，而不是建更多的房子，让投资资金能分散开来而不是挤压在房地产上。

（3）完善法律体系，建立权威的，综合考虑经济、社会、环境综合目标的土地规划体系

推进土地相关的法律、法规和规章制度的建设，构建完善的土地规划体系是目前应该进行的首要工作。现在涉及土地利用的规划较多，应将它们整合成为一个统一管理的综合的权威规划。城市和乡村应该打破截然不同的两套用地体系，从用地类型定义、名称、要求上进行统一，以城乡统筹来带动乡村规划，形成全国一张图。我们建议以主体功能区规划为总体框架，考虑两个方面的整合途径：一是组建高层平台进行整合，即将现在国土资源部、发改委、建设部三个部门内的规划工作剥离，合并组成一个新的高于现有部门的权威机构，综合考虑国土利用和发展，协调各个部门的利益；二是通过法律整合，从法律上细化各规划的内容和层次，相互协调的细节。

（4）加强对管理机构的监督机制，引入第三部门和公众监督机制

一方面要加强对相关管理机构的监督机制，特别是对于官员政绩考评体系的优化；另一方面，引入第三部门公众参与监督机制，实现权力制衡。此外，运用科技手段借助网络力量制约和预防腐败。

(5) 完善公众参与制度,形成体现公众意愿而不是长官意志的土地规划

推进土地利用决策的公众参与制度,真正实现"以人为本"、"可持续发展"的规划初衷,在规划层面引入各方利益相关者的参与体系,让本地居民、学者、企业、政府共同参与规划制定,特别是规划的环境影响、社区利益保障等方面的内容必须有相关学者和社区公众代表参与讨论。对政府来说,公众参与制度可能会增加规划制定的交易成本,但从长远角度考虑,可以保证地区的可持续发展,节约环境成本,减少地区发展的不稳定因素,减少维稳所需承担的政治风险和经济成本。当然,真正落实规划的公众参与制度,还需要现行地方官员政绩评价体系的进一步深化改革,摆脱 GDP 第一的传统评价方式。

四、小结

面对错综复杂的土地问题既要学习国际先进经验,也要梳理历史,认识其具有中国特色的根源所在。从政府的角度来说,中央政府与地方政府需携手创新土地管理机制,致力于土地监管,从土地经营的角色中退出;对公民而言,土地是国有的,也是每个人的,土地的决策需要公民参与。期待未来在土地利用决策中,公众参与和民主决策的步伐迈得更大。

邓冰 致力于城乡规划和旅游发展规划方面的研究,就职于北京清华城市规划设计研究院。

范鸣晓 从事社区发展和旅游地产开发规划工作多年,就职于北京东方创美旅游景观规划设计院。

参考文献

1. 管清友,彭薇. 土地财政戒不掉的鸦片. (2011) [2012-4-18] http://comments. caijing. com. cn/2011-12-12/111514483. html.

2. 李振京,张林山. 成都市统筹城乡发展综合配套改革调研报告. (2011) [2013-3-21],http://www. china-reform. org/? content_164. html.

3. 刘守英,2011. 土地制度变革——"转方式"破局之钥. 国土资源导刊,21:26-27.

4. 潘家华,牛凤瑞,魏后凯. 2009. 中国城市发展报告 2009. 北京:社会科学文献出版社.

5. 谈明洪,李秀彬,吕昌河. 2004. 20 世纪 90 年代中国大中城市建设用地扩张及其对耕地的占用. 中国科学 D 辑地球科学,34 (12):1157-1165.

6. 叶檀. 中国强拆何日止？(2012)［2012-04-16］. http：//www. ftchinese. com/story/001044017.

7. 中国新闻网. 用三个"最严格"胡锦涛强调加强土地管理制度. (2011)［2012-03-15］http：//www. chinanews. com/gn/2011/08—23/3278784. shtml.

8. 中国社会科学院城市发展与环境研究中心. 中国城市发展报告. (2008)［2013-09-01］http：//unpan1. un. org/intradoc/groups/public/documents/APCITY/UNPAN030130. pdf).

9. 中华人民共和国审计署办公厅. 审计结果公告(2011 年第 35 号, 总第 104 号). (2011)［2012-5-11］www. audit. gov. cn/n1992130/n1992150/n1992500/2752208. html.

第九章　可持续消费与生产：
发展模式和生活方式的变革

摘要

　　中国的消费和生产过程拉动了经济的增长,但与此同时给资源环境带来的压力也日益增大。中国环境破坏的主要原因之一是不可持续的工业生产模式。中国的《循环经济法》、《清洁生产促进法》等法律的颁布和实施,在很大程度上促进了中国在发展循环经济和清洁生产等方面的努力,但在中国《循环经济法》的执行过程中,地方政府和企业认识还不到位,相关职能部门分工不清,企业责任没有落实,公众参与机制也不健全。所有这些问题需要中国政府和社会强化对企业的监督,并通过出台和完善配套法规及条例来促进上述法律的落实。在消费方面,中国城乡收入在过去 20 年有了大幅提高,中国人的消费行为和理念也发生了很大的变化,城市化和工业化推动了中国农村人口向城市移民,促进了消费的增长,中国居民的机动车保有量大幅提升,但也加剧了交通的恶化和空气污染。如果不改变不可持续的消费模式,中国的环境问题以及社会不平等现象将进一步加剧。改变不可持续的消费与生产模式的解决方案包括:大力促进资源的高效循环利用,关注产品和服务的整个生命周期,执行和改进家用电器和绿色产品的环保标准,为民间组织提供更多向消费者倡导可持续生活方式和可持续消费选择的空间,大力提升社会公众对资源节约和环境保护的意识和行动。

大事记

● 1994 年 3 月 25 日,《中国 21 世纪议程》经国务院第十六次常务会议审议通过,其中将可持续的消费模式和能源生产作为重要内容进行了阐述。

- 2002 年 6 月 29 日,第九届全国人大常委第二十八次会议通过《中华人民共和国清洁生产促进法》,并于 2003 年 1 月 1 日开始实施。2011 年 10 月 29 日十一届全国人大常委会第二十三次会议初次审议了《中华人民共和国清洁生产促进法修正案(草案)》,并向社会各界征求修改意见。

- 2002 年 10 月 28 日,第九届全国人大会常委会第三十次会议通过《中华人民共和国环境影响评价法》,该法于 2003 年 9 月 1 日正式实施。

- 2003 年 12 月 12 日,国家环保总局宣布实施中国环境标志制度,对流通于市场的产品进行环境标志认证,以推动全社会的环境意识,促进可持续的生产和消费活动。

- 2005 年,建设部倡导并开展"中国城市公共交通周及无车日活动",每年推出活动主题,推广可持续交通建设。

- 2006 年 6 月 1 日,中国国际民间组织合作促进会和美国环保协会在北京共同向全社会发出倡议,选择"绿色出行"。随后,在 2008 年北京奥运会以及 2010 年上海世博会期间,推动全民参与绿色出行。

- 2008 年 8 月 29 日,第十一届全国人民代表大会常务委员会第四次会议通过《中华人民共和国循环经济促进法》。

- 2009 年 12 月,200 多位中国企业家在联合国气候变化哥本哈根大会上发表了中国企业界哥本哈根宣言,表示通过自身行动来积极应对气候变化,推动经济和环境的可持续发展。

一、回顾中国 20 年的生产和消费模式

中国自 20 世纪 80 年代以来,经济发展迅猛,城市化和工业化进程不断推进。自然资源大量消耗,环境质量直线下降,未来的经济发展受到资源环境的严重束缚。可持续消费与生产是一个跨领域问题,既与经济和环境有关,也与社会和伦理关联,在此,我们试图应用生命周期理论对中国的可持续发展状况进行分析。对于某个产品而言,生命周期就是从自然中来、再回到自然中去的全过程,也就是制造这个产品所需要的原材料的采集、加工等生产过程,和这个产品的贮存、运输等流通过程,以及该产品的使用过程及其被废弃后回到自然的过程,这些过程构成了一个完整的产品生命周期。可持续消费与生产是可持续发展的核心,不管是发达国家,还是像中国这样的新兴经济体,都要重视可持续消费与生产问题。本章回顾中

国过去二三十年消费和生产模式变化,以及目前存在的问题及解决方案,提出在中国推动可持续消费与生产的政策建议。

(1) 中国生态足迹是本国生物承载力的 2 倍

根据中国环境与发展国际合作委员会、世界自然基金会所著的《中国生态足迹报告 2010》(WWF,2010),在过去的几十年中,中国的生态足迹(一种对自然资源消耗量的指标)与生物承载力的比率随着时间的推移呈不断上升趋势。早在 20 世纪 70 年代,中国的生态足迹与生物承载力之间的平衡就开始遭到破坏,随着中国经济的飞速发展,生态足迹不断超过生物承载力,到 2003 年,中国已经消耗了多于其自身生态系统供给能力两倍多的资源,和其他国家相比,中国的生态足迹与欧盟 27 国的生态足迹相当,是仅次于美国的第二大生态足迹国。到 2007 年,中国需要 2.2 倍于本国的生物承载力来支持生物资源的消费和吸收 CO_2 的排放(世界自然基金会等,2010)。

(2) 水资源利用

中国拥有较为丰富的水资源,但随着工业的发展和人们生活水平的提高,工业用水量和生活用水量不断上升,用水总量不断增加。由于人们节水意识的淡薄,水资源浪费的现象也非常严重。中国已是世界上人均水资源量最贫乏的国家之一。2011 年,中国政府颁发了历史上最严格的水资源管理和节约条例,遏制水资源的浪费,保护水资源的可持续发展。

(3) 工业污染和资源消耗

中国在生产过程中产生的废弃物和排污,例如,废水废气废渣,不仅对环境造成了很大的破坏,也加剧了资源的消耗速率,浪费了宝贵的资源。举例来说,工业生产不仅造成水的消耗增加,也使得水体污染日益严重。根据 2007 年的统计数据,共计 3030 万吨的污水主要来自工业生产过程。这表明大多数工厂不遵守循环经济的要求和环保标准。自 2001 年以来,中国开始建立生态工业园区网络。所谓生态工业园区是根据循环经济理论和工业生态学原理设计的一种新型工业组织形态,是生态工业的聚集场所,其建立的主要原则是园区中一个工厂的废弃物可以作为其他工厂的资源。2001 年 8 月,国家环保总局批准贵港国家生态工业(制糖)示范园区在全国首批试行。截至 2011 年 11 月,中国政府已建立了 60 个国家生态工业园区,包括 15 个国家示范生态工业园区以及 45 个国家试验生态工业园区,这些生态工业园区支持整个工业园区获得了 ISO14001 环境管理体系认证。这些生态工业园区推动了不同行业的低碳发展,如苏州工业园区和天津经济技术开发区推动绿色建筑、低碳交通和服务性行业的发展 (Shi,2012)。

目前,在中国至少有 1568 个国家和省级的工业园区。中国的认证程序对使用生态工业园区的标志具有严格要求,严防缺乏真正的环保承诺和不合乎生态工业要求的工业园区悬挂生态工业园区的标志。然而,对国家试行的生态工业园区进行评估和确认的最大障碍是缺乏量化的标准体系。另外,目前获得认证的生态工业园区的数量仍然太少,仅约占中国所有工业园区数量的 3.8%。中国大量的工业园区仍然在高强度地消耗资源和排放污染。根据《中国可持续发展战略报告2006》,中国单位 GDP 的资源使用量比世界平均水平高 1.9 倍。中国在发展资源节约型社会的背景下,在 59 个国家当中排名第 54 位。中国单位 GDP 用水量是世界平均水平的 1.254 倍 (UNESCAP, 2009)。

(4) 粮食生产与化肥使用

伴随着城市化的进程,中国的耕地面积曾出现急剧下降,由于政府不断强化对耕地面积保护的政策,耕地面积得以恢复。粮食作物播种面积在过去 20 年里出现了一定的波动,尤其是从 1999 年到 2003 年,粮食作物播种面积不断减少,与此相伴的是粮食产量下滑。随着粮食播种面积稳步攀升,2008 年,粮食产量已稳步上升并突破 5 亿吨 (图 9-1)。

然而,在粮食产量稳步攀升的同时,与这相伴的是化肥的大量使用。在过去的20 年里,中国化肥用量呈不断上升趋势,分别在 2003 年、2007 年、2009 年和 2010年超过了粮食产量,并继续持续上升(中华人民共和国国家统计局,2011)。化肥的大量使用在消耗能源的同时也给环境带来了负面影响,污染地下、地表水,引起土壤板结,破坏环境,也同时增加了温室气体的排放。

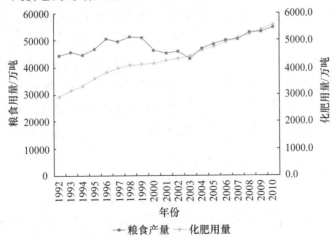

图 9-1　中国粮食产量与化肥用量对比 (1992—2010 年)

(数据来源:中华人民共和国国家统计局,2011)

(5) 中国家庭消费趋势

中国人的家庭消费经历了几次变革,从 20 世纪 70 年代末到 80 年代,人们的消费基本处于满足温饱状态,主要消费领域在食品和日常生活用品方面。进入 90 年代后,人们开始注重改善生活品质和扩大需求范围,在日常饮食消费中对肉、蛋、奶,特别是水产品的消费开始增加(图 9-2)。人们对肉、蛋、奶的消费持续提升,势必会对资源环境造成压力,对水产品需求的持续上涨也会对海洋和淡水资源构成一定的威胁。

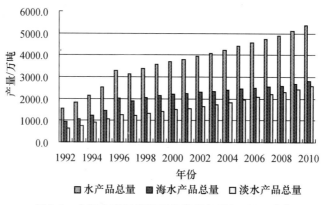

图 9-2 中国水产品产量变化趋势(1992—2010 年)

(数据来源:中华人民共和国国家统计局,2011)

日常生活产品也升级换代,电视、冰箱等大件用品开始进入百姓家庭。进入 21 世纪,人们的消费开始向高端产品转变,越来越多的人开始消费汽车、数码产品、高档化妆品,对奢侈品的消费欲望也不断提升。消费观念和行为的改变一方面促进了经济的发展,另一方面也给资源环境带来了新的负担。城镇居民消费水平的不断提高造成城市废弃物大量增加。随着经济的发展和技术的进步,中国的城市废弃物强度水平持续下降,从 1990 年每千美元 GDP 的 0.19 吨到 2006 年的 0.06 吨。然而,它仍远远高于日本的 0.01 吨和韩国 0.02 吨的水平。这表明需要进一步努力做到垃圾减量、分类和改善回收体系(UNESCAP,2009)。

中国贫富差距过大,直接导致了少部分人的过度消费与大多数人的消费不足。近 20 年来,中国城市与乡村的收入差异呈上升趋势。1992 年,城镇居民收入(2026.6 元)是乡村居民收入(784 元)的 2.5 倍,2010 年,城镇居民收入增加到乡村居民收入的 3.3 倍(中华人民共和国国家统计局,2011)。此外,还存在城市和乡村家庭之间消费水平的巨大差异。不同之处不仅在于资源和能源消耗的数量，而且在于家庭直接消耗和家庭间接消耗对环境的影响的差异。关于能源消耗对环境的影响，城镇居民的间接能源消耗对环境的影响是直接能源消耗影响的 2.44 倍，农村居民的直接能源消耗对环境的影响是间接能源消耗的 1.86 倍 (Wei Y, et al., 2007)。这些数据表明，城市消费者的生活方式是资源消耗增加的主要原因。

在大部分人消费不足的情形下，在很多城市过度奢侈消费问题已经成为一种社会问题。2009 年，中国已经超过美国成为世界第一大汽车消费市场，2010 年，中国成为世界第二大奢侈品消费市场。过度奢侈浪费与勤俭节约精神格格不入，与建设资源节约型社会背道而驰。在这个情形下倡导可持续消费模式是很大的挑战，因为提高消费水平增加家庭和社会福利，但是过度消费会给社会和环境带来负面影响。目前可持续消费指标的概念和实施利用还不成熟，所以决定什么样的消费水平算合理需要更多的研究工作。

二、中国消费和生产可持续发展的出路

我们主要从以下三个方面来分析如何促进中国的可持续消费与生产：第一、资源外部成本内部化；第二、可持续消费与中国传统文化；第三、消费与生产发展战略制定中的公众参与。

(1) 资源外部成本内部化

目前，中国资源的环境成本并不能如实反映利用资源的真实生态成本。由于没有将资源性产品生产和消费过程中所造成的资源消耗和环境污染等纳入到成本中，因而其市场价格并不能真实反映其成本。政府补贴在一定程度上扭曲了资源性产品的价格。价格体制对公众消费的影响是通过产品和服务的价格信号传递出来的，目前的价格体系无法全面地反映资源环境在产品生产和服务提供过程中的成本，使得公众在消费时无法理性地选择对资源环境友好的产品和技术，在一定程度上不利于可持续消费理念和习惯的形成和普及。征收生态消费税将企业环境外部成本内部化，形成合理的激励和约束机制，这是实施工业行业的可持续消费与生产过程中值得考虑的措施。

(2) 可持续消费与中国传统文化

虽然环境保护、可持续发展和绿色消费的概念正在变得越来越受欢迎，但中国的新兴城市中消费者的消费观念还停留在追求物质消费水平的提高、追逐中国大城市和西方消费者的脚步上。中国大城市现代消费主义文化的特点是通过增加物

质财富和浪费性消费来体现的。在中国传统文化中,俭朴的生活一直被认作美德,但如今很多传统生活习惯正在被颠覆,人们的消费观念和消费行为不断地物质化。

从现代角度来看,中国传统文化价值观是提倡可持续的消费模式的,特别是儒家思想和道教、佛教包含很多与可持续消费有关的概念。例如,在儒家思想中"中庸"的概念鼓励的就是节制和自我控制,儒家的和谐思想支持"己所不欲、勿施于人"的取向,提倡集体主义和团结精神,否定"炫耀性消费";中国的道教和佛教强调人与大自然的和谐关系。道教和佛教强调"少私寡欲"与适度消费和节俭的理念和意识,"少即是多"的生活理念,可以让我们重新评价我们的生活质量和幸福感;特别是佛教素食文化对中国的饮食文化有着深远的影响,不只是节俭,更是健康的饮食理念。

(3) 消费与生产发展战略制定中的公众参与

公众参与在消费与生产政策的决策过程中起着重要作用。民间组织的独立性是确保公众真正参与的先决条件。中国的民间组织是推动公众参与可持续消费和生产的政策制定以及监督政策落实的重要力量。中国的 NGO 正在尽自己的努力,以遏制不可持续的消费和生产模式,促进可持续的生活方式和企业承担自己的社会责任。下面介绍两个民间组织推动可持续生活方式的案例。

案例 1 绿色出行

2006 年,中国国际民间组织合作促进会(简称中国民促会)和美国环保协会共同发起了"绿色出行项目"。该项目提倡各界人士乘坐地铁、轻轨、公共汽车等公共交通上下班;提倡拼车或者乘坐班车上下班;提倡拼乘出租车;尽量减少自驾车的使用等,以减少空气污染,降低碳排放。为了在全国推动绿色出行,该项目在全国 20 个大城市建立了绿色出行网络,以促进公众亲身感受自身行为对碳排放的影响,进一步提高公众参与项目的积极性。

2008 年,结合北京奥运会,该项目和清华大学交通研究所合作推出了绿色出行碳计算器。在奥运交通限行期间,共有 70 家单位、81640 个人参与此项活动,共减排 8895.06 吨二氧化碳。2009 年 8 月 5 日,上海天平汽车保险公司购买了奥运绿色出行 8026 吨碳指标,中和其成立以来的碳排放,这也是国内首笔自愿碳减排指标(VER)交易。该笔交易同时促成了中国民促会绿色出行专项基金的成立。

2010年，绿色出行写入"绿色北京"行动计划（2010—2012年）和北京市"十二五"规划，深圳市政府将2012年定为绿色出行年。2011年10月绿色出行基金启动了"新青年新展望低碳南非Let's go!"线下宣传和线上活动，直接覆盖人群达到500余万人，成功吸引了众多热心环保的公众参与活动。

绿色出行项目以出行为立足点，不断探索推动公众可持续消费的模式，总结出了以科学研究为基础，以推动公众参与为主线；与大型国际活动合作，抓住"重大事件"的契机；把握国际形势，接近和影响"决策层"；利用各种形式的媒体，扩大影响；邀请有影响力的名人作绿色出行形象大使，发挥公众人物的效应等有效的经验。

案例2 绿色选择

2007年，绿色选择联盟由公众环境研究中心发起，从21家民间组织参与发展到41家民间组织响应，开启了民间组织与企业的对话。绿色选择联盟从生产-消费的末端——消费者入手，倡导公众在消费过程中考虑企业的环境表现，在污染企业尚未证明已经改正之前谨慎选择其产品，用自己的购买权力促使企业改进其环境行为。绿色选择联盟所采用的基础工具是两张污染地图：水污染地图和空气污染地图，截止2012年4月，这两张地图里共收录了5000多家企业的97000条违规排污记录，其中包括70多家跨国公司。绿色选择联盟的工作手法是通过污染地图上的企业违规排污记录，追踪到污染源所属企业，并对企业所在供应链进行研究，确认排污企业与品牌企业的供货关系，然后与品牌企业进行沟通，并要求其进行整改和开展第三方审核。

绿色选择联盟的第一个行动目标锁定在多次引发重金属污染事件的IT产业，重点目标是IT巨头苹果公司。几经波折，在舆论的压力下，苹果开始与绿色选择联盟展开对话，于2012年1月28日双方对话后，苹果公司承认中毒事件，表示建立信息公开制度，联建集团受污染伤害的员工得到了赔偿，苹果的某工厂表态投资80万元人民币将工厂附近已污染的河流彻底清淤。借助这个项目，绿色选择联盟倡导在中国有工厂的外国企业加强供应商管理，切实履行环境和社会责任，遇到问题应该积极面对，而不是遮掩、回避、推脱。

三、全球视野下中国可持续消费与生产问题和挑战

在 20 世纪 90 年代,中国开始成为"世界工厂"。当时中国商品的消费者主要在美国、欧洲和其他一些发达国家。2012 年,中国"世界工厂"的地位没有改变,同时还成为主要消费国家。这种发展模式产生了以下两个方面的影响:一方面,中国国民消费的增加促进了全球经济与国际贸易之间的平衡;另一方面,物质和资源消耗的增加对环境和生态系统造成了压力。而且,为了满足日益增长的国内需求,中国将越来越多地依赖国外进口的石油、粮食、煤炭、木材等资源。促进国内可持续消费和生产,有助于减少对海外资源的依赖。

(1) 巨大的能源消费总量急需得到扭转

根据英国石油公司(BP)发布的《2011 世界能源统计年鉴》统计,2010 年中国已经超过美国成为世界第一大能源消费国,中国一次能源消费量占世界能源消费总量的比例由 1992 年的 9.06% 上升至 2010 年的 20.26%,增加了 2 倍多。而中国的煤炭消费占世界煤炭消费的比例从 1992 年的 26.01% 上升至 2010 年的 48.19%。

中国快速发展的经济以及庞大的人口基数,使得能源的供应受到越来越严峻的挑战。中国的能源结构以煤为主,石油消费的一半来自进口,有限的化石资源无法支持中国长期稳定的甚至高速的经济发展。因此,必须转变经济发展依赖化石能源的模式。

(2) 通过国际合作促进中国的可持续生产和消费

不可持续的生产和消费活动不仅严重消耗着地球的资源和环境,也给人类社会和经济发展带来严峻的后果,如不断高涨的油价、环境污染和生态系统退化以及气候变化等全球性问题。这些问题的解决离不开国际合作,通过凝聚各国力量,在全球范围内提倡和普及清洁生产、绿色经济、低碳生活等生产和消费的模式,将极大地推动可持续生产和消费的普及。在可持续生产和消费的诸多领域,发达国家由于较早地经历了经济的繁荣,企业的生产活动和人们的生活水平都处于相对较高的阶段,掌握着较为先进的生产工艺和技术,人们的消费理念也趋于理性。相对于发展中国家而言,发达国家所掌握的技术和形成的理念需要通过国际合作来向发展中国家转移,以提升发展中国家在可持续生产和消费各领域的能力。

四、政策建议

就此,我们对中国政府推动可持续消费与生产提出以下政策建议:

① 大力促进资源的高效循环利用。通过适时修改和完善《循环经济法》等法律，强化对企业的监督和引导；通过完善财税价格体系与征收生态消费税，使得资源环境要素能够真实地反映在市场经济活动中，增强企业发展清洁生产对提升企业未来竞争力的积极作用，将企业环境外部成本内部化。

② 提倡有节制、有理性和适度的消费和有限经济（生产）增长。地球的资源是有限的，但是传统的消费方式和生产方式追求的是无限增长和刺激消费，加上人口持续增长的压力，使资源的承载能力受到破坏并下降。如何使得自然资源承载力的可再生能力满足人类的需求是值得探讨的。政府和企业希望经济长久保持在很高的增长水平上，并利用各种政策和手段维持高增长、不断地刺激和鼓励人们的消费欲望。显然这种高增长的生产模式和高欲望的消费模式都是不可持续的。因此，在政府的长期发展规划和政策制定上，要建立合理的有限的增长方式，鼓励有限的和选择性的消费理念和行为。

③ 实施促进科技创新的政策，需要关注产品和服务的整个生命周期。引进资源密集型产品的生命周期分析方法，生命周期评估必须在产品设计阶段就予以考虑。

④ 执行和改进家用电器和绿色产品（包括食品和服装）的环保标准，提高产品标签和环保信息系统的透明度和可靠性，促进环保节能产品的宣传，提高消费者对环保产品的认识和信任。

⑤ 为民间组织提供更多向消费者倡导可持续生活方式和可持续消费选择的工作空间。此外，民间社会需要更多的空间来发挥他们监督污染行业的职能，并将污染信息提供给消费者，通过消费者的购买行为来有效地影响企业的行为。大力提升社会公众对资源节约和环境保护的意识和行动，通过政策的积极引导，使得公众在日常生活和工作中能够践行绿色低碳的生活方式，从点滴做起，自下而上地创建资源节约型和环境友好型社会。有必要提供更多经费用于研究中国消费者的消费行为和态度，为促进可持续的生活方式设计有效的干预措施。制定限制不可持续的消费和生活方式的社会政策，如在各大城市实施的汽车限行政策。

五、小结

可持续消费和生产模式不仅需要技术创新，也需要重新考虑目前的发展路径。仅仅推动绿色消费是不够的，解决不可持续消费与生产的问题也需要反思有关生活质量、幸福感和文化传统的价值和作用。促进可持续消费也将解决城市和农村之间的社会不平等问题。作为政府应推动清洁生产政策的实施，而民间组织和公民社会自下而上倡导可持续的生活方式的行动也是必要的。

Patrick Schroeder/施龙 致力于可持续发展与全球治理问题的研究,促进国内外 NGO 在气候变化问题上的交流与合作。在国际关系和环境学领域有深入研究,有多年环保国际合作的工作经历。现为中国国际民间组织合作促进会国际顾问。

参考文献

1. 世界自然基金会,中国环境与发展国际合作委员会. 2010. 中国生态足迹报告 2010. 北京:[出版者不详].

2. 中国科学院. 2006. 中国可持续发展战略报告. 北京:[出版者不详].

3. 中华人民共和国. 国家统计局. 2011. 中国统计年鉴 2011. 北京:中国统计出版社.

4. BP. BP Statistical Review of World Energy 2011. (2011)http://www.bp.com/statistical-review-of-world-energy-fall-report-2011. html.

5. Shi, H. , Tian, J. , Chen, L. , 2012. China's Quest for Eco-industrial Parks, Part I, History and Distinctiveness. Journal of Industrial Ecology,16(1): 8-10.

6. UNESCAP, 2009. Eco-efficiency Indicators:Measuring Resource-use Efficiency and the Impact of Economic Activities on the Environment. Bangkok: United Nations Economic and Social Commission for the Asia Pacific.

7. Wei, Y, Liu, L, Fan, Y, Wu, G. ,2007. The impact of lifestyle on energy use and CO_2 emission: An empirical analysis of China's residents. Energy Policy,35, 247-257.

第十章 实现可持续工业——工业绿色转型

摘要

中国工业绿色转型意味着占中国经济最大份额的第二产业要实现低污染排放、低能源消耗、高效率生产的目标。这种工业发展模式的根本性转变既是中国工业转变增长方式的内在要求,也是实现增长方式转变的重要手段。工业绿色转型是整个经济体实现绿色转型的根本。本章以中国工业发展和资源现状为立足点,对中国工业的可持续发展进行回顾。实现中国工业的绿色转型,需要民间、企业和政府共同行动,需要宏观政策、激励机制和行业创新发展战略。本章建议加快工业结构调整,加大绿色投资力度,大力发展战略性新兴产业,构建绿色工业体系;优化能源结构,提高资源利用效率;扶持和鼓励采用低碳技术的中小企业发展,增加绿色产业人才储备。

大事记

- 1995 年,中共十四届五中全会正式提出转变中国经济增长方式,节约资源和保护环境得到重视。

- 1998 年 1 月 1 日零点,淮河零点行动开始,成为中国整顿流域内工业污染的里程碑。

- 2003 年 1 月 1 日,《清洁生产促进法》开始执行。清洁生产不仅使环境状况从根本上得到改善,而且使能源、原材料和生产成本降低,经济效益提高,竞争力增强。

- 2008 年年底起,世界金融危机发生,对中国制造业的冲击延续至今。
- 2009 年,中国四万亿扩大内需的投资,拉动了经济增长,但同时使高耗能产业产能过剩的状况进一步恶化。
- 2009 年 1 月 1 日起《中华人民共和国循环经济促进法》开始实施。"减量化"、"再利用"、"资源化",成为循环经济促进法的主线。
- 2011 年 12 月 30 日,国务院印发《工业转型升级规划(2011—2015 年)》,第一个提出工业整体转型升级的总体思路、主要目标、重点任务、重点领域发展导向和保障措施的规划,对加快我国工业发展方式转变,具有重要意义。

一、综述

工业一直是支持中国经济高速增长的主要动力。自改革开放以后,工业的发展趋势与国内经济的增长基本呈正相关。根据国家统计年鉴(1992—2010),1992 年 GDP 增长率为 14.2%,工业贡献了 8.2 个百分点。2010 年 GDP 增长率为 10.4%,工业贡献了 5.1 个百分点。工业对于中国经济发展的重要性还体现在其产值上。1992 年,中国工业产值为 10 284.5 亿元,占国内生产总值的 38.2%。到了 2010 年工业产值为 160 867.0 亿元,规模超过 92 年的 10 倍。工业在 GDP 中依然占有最大比例且略有提升,为 40.1%。在较长的一段时期,工业在国民经济中的比重即使不提高也不会显著下降(中国社会科学院工业经济研究所,2011a)。

中国要实现可持续发展,必须保证占经济比重最大的工业走可持续发展之路,这是实现环境保护和人民生活与健康的基础性保证。2008 年 8 月,联合国环境署倡议全世界积极发展绿色经济。联合国可持续发展委员会认为绿色经济将是实现可持续发展的重要途径。所以,工业的绿色转型也就成为实现中国可持续工业和可持续发展的重要手段之一。在绿色经济的概念下,结合工业的生产要素,绿色转型是工业迈向"能源资源利用集约、污染物排放减少、环境影响降低、劳动生产率提高、可持续发展能力增强"的过程(中国社会科学院工业经济研究所,2011b)。结合中国工业的现状以及中国工业和信息化部的几大工作重点,本章对于中国绿色转型工作回顾集中于三方面:从对已有产业调整的考虑来说,整顿高耗能高污染企业及淘汰落后产能;从生产过程来说,促进清洁生产与循环经济;从对于工业的结构调整来说,对绿色产业的扶持。

(1) 整顿高耗能高污染及淘汰落后产能:单一的行政手段效果有限,需要增加市场机制工业指从事自然资源的开采、对采掘品和农产品进行加工和再加工的物质生产部门,其中包括食品加工这样的轻工业,也包括了炼钢采矿等重工业。中国对于资金密集型的重工业非常依赖。我国重工业占工业产值比重从 2000 年的 60.2% 提高到 2009 年的 70.5%,超过日本、德国、美国等国家在工业化过程中曾达到的峰值(蓝庆新,韩晶,2012)。2009 年,我国工业能耗占全国一次能源消费的 71.3%,其中高耗能行业占工业能耗的 80% 左右。除了高耗能,高污染也是重要问题。据不完全统计,目前我国被酸雨污染的国土近三成,包括北京在内的许多城市人口呼吸着严重污染的空气。2008 年环境状况公报显示,由于城市工业污染,我国地表水污染依然严重。200 条河流 409 个断面中,一类至三类、四类至五类和劣五类水质的断面比例分别为 55.0%、24.2% 和 20.8%。大的污染事件层出不穷,形成严重影响的有淮河流域的大面积污染、松花江污染、沱江污染以及太湖、渤海、滇池、蓝藻事件,最近的还有紫金矿业、云南铬渣污染。

中国在逐步降低单位 GDP 能耗[①],但距离实现经济结构由以工业(重工业在工业中又占有绝对优势)占最大比例向服务业占主导的转变仍有相当的距离。全国累计淘汰落后炼铁产能 1.2 亿吨、炼钢产能 7200 万吨、水泥产能 3.7 亿吨、焦炭 1.07 亿吨、造纸 1130 万吨,占全部落后产能的 50% 左右。2011 年,18 个工业行业淘汰落后产能工作进展良好,截止到 9 月底,2255 家企业 2011 年淘汰落后产能任务已经完成 90%,其中 70% 的落后生产设备已经拆除。电解铝、平板玻璃、煤化工等产能过剩行业调控力度加大。以淘汰落后产能为代表的工业结构调整基本以行政手段为主,缺少市场手段。行政命令可以简单高效地在短期内关停一批企业。但被关闭的企业在行政风暴后常常异地或者就地重新经营。从长期的角度来看,并没有彻底使高污染高耗能企业被市场淘汰。以淮河治污为例,在零点行动过后,环保部门宣称经过检测,淮河水质达到三类标准,基本符合环保要求。但是在经历了 10 年,高达 600 亿元的治污费用投入后,2004 年 7 月,环保总局又发出防止淮河发生重大污染事故的紧急通知,10 年治污似乎回到了原点(新华网,2004)。由此,今后应依靠环保标准和市场准入/退出机制,采用市场的手段来实现结构升级。

(2)清洁生产与循环经济:潜力大,抓落实

自 1970 年以来,中国的自然资产净损耗在全世界占比迅速上升——2005 年超过欧盟,2008 年超过美国,2009 年超过俄罗斯,居世界首位。也就是说,中国作

---

① 从"十一五"开始,中国政府明确提出了"节能减排"量化目标。到 2010 年底,单位 GDP 能耗比 2005 年的水平降低了 19.1%,基本接近 20% 的原定目标。进入"十二五",进一步提出了 GDP 能耗比 2005 年水平再降低 16% 的目标。

为"世界工厂"的代价,是成为全世界头号的环境牺牲地。清洁生产和循环经济从本质上说就是提高资源利用率和生产效率,减少废弃和有害物质的排放。

"十一五"期间,国家有关部门、地方工业主管部门、行业协会、中央企业集团等共同努力,认真贯彻落实《清洁生产促进法》,进一步加大钢铁、有色金属、石化、化工、建材等重点行业清洁生产推行力度,实施一批清洁生产示范项目,先后发布聚氯乙烯等 22 个重点行业的 134 项产业化示范和应用推广技术,显著提升行业清洁生产和污染预防水平,有力促进工业重点行业污染物减排。工业化学需氧量及二氧化硫排放总量分别下降 21.63% 和 14.02%,累计消减化学需氧量 120 万吨、二氧化硫 304 万吨、氨氮 25.2 万吨。

工业固体废物综合利用率由 2005 年的 55.8% 增加到 2010 年的 69%,超额完成"十一五"规划提出的综合利用率 60% 的目标。钢渣高温熔渣快速粒化、尾矿生产加气混凝土、高压立磨等一批用量大、成本低、经济效益好的综合利用技术与装备得到了较快发展(国务院,2011)。全国规模以上企业单位工业增加值能耗从 2005 年的 2.59 吨标准煤下降到 2010 年的 1.91 吨标准煤,五年累计下降 26%,实现节能 6.3 亿吨标准煤,以年均 8.1% 的能耗增长支撑了年均 11.4% 的工业增长。单位工业增加值用水量下降 36.7%,超过了规划纲要确定的 30% 的目标。

近年来,虽然我国工业的能源利用效率有了一定程度的改善,但与发达国家仍存在明显的差距。以美国为例,2005 年美国工业能耗强度为 5.96 吨标准煤/万美元,2009 年下降为 5.12 吨标准煤/万美元。若按 2009 年美元对人民币平均汇率计算,美国工业能耗强度约为中国的 37%。中国工业提高生产效率的潜力很大。关键的问题是要抓好各项政策的落实,改进技术,提高技术创新能力,改善设计,注重质量,充分利用自动化、信息通讯技术,整体提高生产效率。

(3)发展绿色产业:技术创新和人才发展同样重要

2011 年,产业结构调整稳步推进,新能源汽车示范推广、淘汰落后产能等重点工作进展顺利。据国家统计局统计,1—11 月份,高技术产业增加值同比增长 16.5%,快于全部规模以上工业 2.5 个百分点。通过工业企业采用节能环保技术及相关设备,对技术升级换代进行绿色投资,包括节能投资和环保投资。先进适用的节能环保技术大量应用于工业部门,是"十一五"期间工业能源效率提高和工业污染物排放较低的主要原因。可以预计,"十二五"时期至 2020 年,技术进步将会在工业绿色转型中继续发挥重要作用。

目前的绿色产业发展还存在两点问题:

第一,对于绿色新兴产业的发展,继续传统的制造业并不能带来真正的"绿色"。以太阳能产业发展为例,要使得太阳能得到应用,就首先要制造太阳能电池板(PV板),制作这种电池板的主要物质是单晶硅,利用它的光电传导效应,将光能转换为电能。而高纯度的单晶硅是从多晶硅中加工得到的,这是获得单晶硅的一种既节约成本又可行的办法。然而在多晶硅的生产过程中,会产生十几种危险及有害的物质,包括氯、氯化氢、三氯氢硅、四氯化硅、氢氟酸、硝酸、氮气、氟化氢和氢氧化钠等物质,这些物质对环境和人体都存在巨大危害。而且,太阳能的广泛利用,不仅仅是多晶硅生产过程中的有害物质污染环境,而且,城市中光伏电池的表面玻璃和太阳能热水器集热器在阳光下反射的强光,还会形成光污染。如此多的污染物使让太阳能的"清洁"染上了污点。

第二,为实现真正的绿色发展,必须突破人才的瓶颈。具有相关知识、技能以及意识的人才,即所谓的"绿领",非常重要。据联合国环境规划署的统计,近10年来,直接从事环保工作的员工从460万人激增到1800万人,而间接服务于环保方面的员工则从1000万人增至5500万人。在此期间,垃圾回收、处理、加工和营销部门吸收就业人数增长最快,平均每年增长25%~30%。因此,许多国家看好环保产业的发展前景,将实施"绿色就业"战略作为缓和本国就业压力的重要举措之一。在2010年,由联合国环境规划署、国际劳工组织、国际雇主组织和国际工会联合会共同发起"绿色工作倡议"。绿色工作的理念阐释了经济向环境可持续发展、低碳、适应气候变化并提供体面劳动模式的转型。其目标是减少企业和经济部门对环境造成的负面影响,达到可持续发展,同时保障安全健康的工作条件。因此,绿色工作体现了环境可持续发展与体面劳动的双重理念。

未来中国的工业绿色转型确定了未来五年工业转型升级的主要目标《工业转型升级规划(2011—2015年)》。"十二五"期间,工业保持平稳较快增长,全部工业增加值年均增长8%左右,工业增加值率较"十一五"末提高2个百分点,全员劳动生产率年均提高10%;自主创新能力明显增加,规模以上工业企业研究与试验发展(R&D)经费内部支出占主营业务收入比重达到1%;产业结构进一步优化,战略性新兴产业实现增加值占工业增加值的15%左右,规模经济行业产业集中度明显提高,主要工业品质量接近或达到国际先进水平;资源节约、环境保护和安全生产水平显著提升,单位工业增加值能耗较"十一五"末降低21%左右,单位工业增加值用水量降低30%(国务院,2011)。从总体目标上,我们可以明显看到中国向绿色工业转型的决心,但是在具体落实上希望可以对存在的问题引起重视。

二、中国工业绿色发展之路与挑战——民间的思考

中国工业的结构性矛盾仍很突出,持续发展能力较弱,面临着一系列与现行的体制机制密切相关的问题和挑战。具体表现如下:

(1)以 GDP 为导向的基本价值观念、尚不健全的制度安排和激励机制是工业绿色转型落实的阻力

工业绿色转型是一项高投入、见效慢的长期工程。虽然从长期角度来看效益大于成本,但是短期内淘汰落后产能带来的 GDP 损失和对绿色产业的前期投入都要求政府在经济发展决策中建立系统思考的全局意识。以 GDP 为导向的晋升机制是相对单一的激励方式,在这种考核机制下,政治晋升的压力导致政府官员往往忽视长期效果而注重短期目标,即在任期内尽可能地促进经济增长。以往追求GDP 的一些地方取得的实实在在的政绩起到了很大的示范效应,而中西部地区也在承接东部产业转移中尝到了甜头,这使得不少地方政府"十二五"时期仍有追求GDP、追逐重化工大项目,特别是引进大型国有企业的强烈意愿和动力。

要顺利实现工业绿色转型目标,产业结构调整、节能环保技术应用等会对高耗能、高排放工业行业("双高"行业)的就业产生直接的负面影响。此外,"双高"行业及其上下游行业劳动者收入和消费会因为行业增长受阻而受到影响。根据潘家华等(2009)的研究,2005 年到 2020 年火电产业实施节能减排政策将导致就业岗位减少 80 万个(潘家华,2009)。但同时,发展可再生能源及升级脱硫技术等,就业的净效应将增加 440 多万个岗位。总体上,电力行业需要加强转岗培训以及向低碳能源的转型。帮助双高行业的失业工人再就业和绿色创业。

中央与地方政府在转型升级中面临的压力实际上是不对称的,中央政府不仅要考虑宏观经济运行中的种种风险以及经济社会长期发展的可持续性,还要承受来自国际上越来越大的压力,而中央政府的这些压力仅靠节能减排指标和环境问责制来传导,最终很难将地方政府推向工业绿色转型的轨道。制造业企业家认为绿色转型投入成本过高;金融机构表示,一个工业企业的绿色表现并不影响他的投资决定;受访的公众和 NGO 则更关注企业产生的污染和对消费者健康的影响。如何才能形成有效的激励机制促进企业和金融机构踊跃投资于绿色工业呢?

从静态的全社会资源配置角度看,增加工业部门节能环保投资,不管其资金来源如何,都会导致其他领域的投资相对减少。由于节能环保投资的收益有相当一部分无法货币化,因此从国民收入统计上看,工业节能环保投资,尤其是环境污染

治理投资的经济效益常常低于生产性投资。在促动金融投资机构更加重视绿色工业项目方面,非政府组织已经有所尝试[①]。在推动制造业企业履行环境和社会责任方面,民间机构可以有更大的工作空间[②]。

(2) 资源缺乏合理定价,绿色工业转型的市场手段有待权衡

当前资源价格的定价机制很不合理。目前,在我国,在要素资源领域的价格形成机制中,还是非市场化定价的手段在发挥作用,这种现象导致要素价格扭曲,从而阻碍了工业转型升级。由于要素资源长期使用非市场化定价手段,价格信号对企业微观主体的引导作用呆滞或时滞,致使企业缺乏动力转变经营方式或改进技术。尽管近年来要素资源价格上涨幅度较大,但是价格传导需要经过一段时间才会引起企业下定决心进行自主的绿色转型。

长期以来,中国并未真正建立起覆盖全国的地区之间的生态环境补偿机制,导致生态脆弱或资源富集地区的利益长期受损,丧失了地区经济发展的机会。如资源开采的环境成本未按市场机制定价并纳入到原材料成本核算之中,致使原材料价格长期偏离于市场价格,下游企业或消费者无法对这种价格扭曲行为做出调整,难以树立"绿色消费"理念。另外,中国工业尚未形成绿色增长核算体系,也没有出台具有市场调节作用的政策工具,如碳税,造成环境治理成本长期被低估,而且节能减排设备投资的税收政策不配套,企业缺乏采用先进技术和生产装备的微观激励。理顺自然资源价格还应考虑资源开采带来的环境成本,但是在过去很长时间内,国家制定的资源税率太低,远低于环境实际治理成本,低税率难以抵补环境损害,遏制采掘企业破坏环境的行为。

(3) 在绿色产业发展中对中小企业扶持不足

在近年来相继出台的绿色经济"利好"政策推动下,绿色产业的中小企业迎来了发展的"黄金期"。以节能行业为例,2011 年我国节能服务产业总产值突破千亿元大关,节能服务公司的数量达到 3900 家。而 2005 年这两个相对应的数字分别是 47 亿元和 76 家公司(中国节能协会节能服务产业委员会,2012)。作为国家七大战略新兴产业之首的节能行业,其以新企业和小型企业为主要构成的产业特征也代表了绿色产业各行业的发展特点。绿色中小企业已经成为我国加快自主创新能力、创造就业、加快经济发展方式转变的生力军。我国要实现"十二五"规划的设定指标,实现产业升级和绿色转型,绿色中小企业必将成为积极的践行者和推动者。

---

① 道和环境与发展研究所的新经济中国项目,就是从投资的角度,促进中国的绿色工业的融资发展。

② 由公众环境研究中心发起的"绿色选择"倡议,就是从消费者的角度,利用他们的购买权力根据生产企业的环境表现做出绿色选择(公众环境研究中心,2012)。

道和环境与发展研究所是一直关注中国绿色中小企业的民间机构。2012年年初,它发布了《绿色中小企业影响力报告》。该报告来源于该机构的"影响力典范活动",所入选的企业均为2010年营业收入在3亿元人民币及以下的企业。涉及的七大领域包括:可再生能源、节能、水资源管理、污染物防治和废弃物管理、环境友好型新材料和新工艺、土地可持续利用、生物多样性保护。这些企业都通过创新性的技术、产品或商业模式,对环境的改善起到了积极的作用。该报告反映,绿色中小企业受政策影响比大中型企业要大。在政策大环境趋好的形势下,绿色中小企业整体发展较快。近几年,随着相关政策法律法规的出台,催生带动了大批绿色中小企业的发展,参与调研的绿色中小企业样本2008—2010年的平均总资产增长率、营业收入增长率和税前利润增长率分别为204%、315%和94%。政策作用方式的不同导致绿色产业各行业发展不均衡。由于政策的支持力度、推动方式和行业发展特点不同,各行业也呈现出发展不平衡的态势,以鼓励、引导为主的法律法规对行业发展的促进作用远大于以限制为主的法律法规。

三、中国工业绿色转型的国际影响

工业的绿色转型不仅仅是中国的重要决策,在全球的经济、环境以及社会事务中也会产生重要影响。以购买力平价法计算的中国工业增加值占世界比重,由1980年的4%上升到2003年的22.0%,也超过美国占世界的比重(为16.5%),成为世界第一。与此同时,中国不少重要的工业产品产量占世界总产量比重迅速上升,跃居世界前列。2010年,中国粗钢产量占世界总产量的44.3%,水泥产量占世界总产量60%;煤炭产量占世界总产量的45%;化纤产量占世界的42.6%;玻璃产量占世界的50%。中国还为世界生产了68%的计算机、50%的彩电、65%的冰箱、80%的空调、70%的手机、44%的洗衣机、70%的微波炉和65%的数码相机、25%的汽车、41.9%的船舶等(新华网,2011)。

中国的土地、原材料和人工等生产要素价格上涨,以及中国政府努力推动的产业升级政策使一些人相信中国的一部分制造业会转移至自然资源丰富且劳动力更廉价的发展中国家。但也有观点认为,从目前全世界的工业规模、消费需求和企业竞争力等综合因素来看,在较长的一段时间内,中国不会有大规模的制造业转移。无论哪种观点更贴近现实,中国工业绿色转型无法依靠将高污染、高耗能的制造业转移至其他发展中国家而实现,而应立足国内,认真执行和落实清洁生产和循环经济,以确保生产和资源利用的效率并尽可能减少有毒有害物质的排放。只有中国的制造业产业链条更"绿色",才能促进全球制造业的清洁化。

四、政策建议

工业转型的根本在于政策,它要求进一步完善政策法规体系,健全促进工业转型升级的长效机制,为实现规划目标及任务提供有力保障。基于前文中提出的绿色转型中的问题和未来的挑战,特提出以下政策建议:

(1) 强化绿色工业转型的实施机制

通过建立协调机制,即由中央到地方相关部门和单位组成的协调机制,加强政策协调。建议对跨部门、跨地区的工业转型问题形成联动机制,通过明确任务和责任,加强对市场主体行为的引导。跟踪监测并及时发布信息,定期公布各地区规划目标完成情况,向公众公布实施进展情况。

健全和完善相关法律法规,完善产业政策体系及功能。强化工业标准规范及准入条件。完善重点行业技术标准和技术规范,加快健全能源资源消耗、污染物排放、质量安全、生产安全、职业危害等方面的强制性标准,制定重点行业生产经营规范条件,严格实施重点行业准入条件,加强重点行业的准入与退出管理。进一步完善淘汰落后产能工作机制和政策措施,分年度制定淘汰落后产能计划并分解到各地,建立淘汰落后产能核查公告制度。

(2) 健全绿色工业转型的市场机制

加大财税支持力度。整合相关政策资源和资金渠道,加大对工业转型升级资金支持力度,稳步扩大中小企业发展专项资金规模。发挥关闭小企业补助资金作用。制定政府采购扶持中小企业的具体办法,进一步减轻中小企业社会负担。

加强和改进金融服务。鼓励金融机构开发适应小型和微型企业、生产性服务企业需要的金融产品。完善信贷体系与保险、担保之间的联动机制,促进知识产权质押贷款等金融创新。

(3) 推进中小企业服务体系建设

以中小企业服务需求为导向,着力搭建服务平台,完善运行机制,壮大服务队伍,整合服务资源。发挥财政资金引导作用,鼓励社会投资广泛参与,加快中小企业公共服务平台和小企业创业基地等公共服务设施建设。建立多层次的中小企业信用担保体系,推进中小企业信用制度建设。加强对小型、微型企业培训力度,提高经营管理水平。深化工业重点行业和领域体制改革。加快推进垄断行业改革,强化政府监管和市场监督,形成平等准入、公平竞争的市场环境。完善投资体制机制，落实民间投资进入相关重点领域的政策，切实保护民间投资的合法权益。

(4) 培养工业绿色转型理念和人才

通过学校以及公众教育培养和提高各年龄层的环保和资源节约意识。在进入职业和高等教育的时候选择适于进行"绿色工作"的专业方向。加强对应届毕业生在选择绿色工作上的就业指导。

五、小结

工业作为中国能源消耗、污染物和温室气体排放的最主要的部门，其绿色转型会对整个经济社会发展产生重要影响。为推动工业向绿色经济转型，国家需要为推行节能环保技术、发展绿色企业而加大投资力度。

尽管推动工业向绿色经济转型需要进行数额庞大的节能环保投资，也会产生一定的宏观经济损失，并且会导致高耗能、高污染工业行业就业岗位减少，但其在节约能源成本、改善制成品贸易环境和贸易条件，促进节能环保产业等绿色产业发展、创造绿色就业岗位、提升国民健康水平等方面都有重要的积极影响。整体来看，工业绿色转型的效益远高于成本(中国社会科学院，2011)。

稳步推进工业的绿色转型，需要一系列的政策引导。包括推进产业梯度转移，形成工业发展的绿色布局；改革政绩考核体系，完善环境规制，加强环保执法力度；深化资源和能源体制改革，完善财政税收支持政策体系；引导金融机构加大绿色新兴产业的信贷支持；加强人才培养体系建设，为工业绿色转型提供人力资源保障。

徐嘉忆　从事气候变化谈判和政策研究工作，现就职于世界资源研究所中国办公室。

张绪彪　致力于研究和推动企业社会责任与可持续发展，帮助中小企业提升责任竞争力和绿色转型。现就职于国际劳工组织。

参考文献

1. 道和环境与发展研究所. 2012. 绿色中小企业影响力报告. 北京：[出版者不详].
2. 公众环境研究中心. 绿色选择倡议. [2012-4-20]http://www.ipe.org.cn/alliance/in-

dex. aspx.

3. 蓝庆新, 韩晶. 2012. 中国工业绿色转型战略研究. 经济体制改革, (1): 24-28.

4. 潘家华等. 低碳发展对中国就业影响的初步研究. (2010-04-23)[2012-04-30]http: // www. sinoss. net /2010 /0423 /20802. html.

5. 人民网. 中华人民共和国清洁生产促进法(全文). (2002-06-29)[2012-04-23]http: // www. people. com. cn /GB /jinji /31 /179 /20020629 /764312. html.

6. 新华网. 淮河治污: 从 1994 到 2010. (2004-10-27)[2012-04-23]http: //news. sina. com. cn /c /2004-10-27 /11084051019s. shtml.

7. 新华网. 中国制造业超美国跃居世界第一 虚名背后存隐患. (2011-12-27)[2012-05-15]http: // news. xinhuanet. com /politics /2011—12 /27 /c_122488790_3. htm.

8. 中国共产党新闻网. 胡鞍钢: 绿色转型的中国图景. (2009-10-15)[2012-05-15]http: // theory. people. com. cn /GB /10196881. html.

9. 中国节能协会节能服务产业委员会. 2011 中国节能服务产业年度报告. (2012-01-18) [2012-05-15]http: //www. zgjzy. org /NewsShow. aspx? id = 2556.

10. 中国日报网. 工业绿色转型正当时. (2012-01-19)[2012-05-04]http: //www. chinadai-ly. com. cn /hqzx /2012—01 /19 /content_14474003. htm.

11. 中国社会科学院工业经济研究所. 2011a. 中国工业绿色转型研究. 中国工业经济, 277 (4): 5-14.

12. 中国社会科学院工业经济研究所. 2011b. 2011 中国工业发展报告——中国工业的转型升级. 北京: 经济管理出版社.

13. 中华人民共和国国务院. 工业转型升级规划(2011—2015 年)(2012-01-18)[2012-04-30]. http: //www. gov. cn /zwgk /2012-01 /18 /content - 2047619. htm.

14. 中华人民共和国国家统计局, 1992. 中华人民共和国 1992 年国民经济和社会发展统计公报. 北京: [出版者不详].

15. 中华人民共和国国家统计局, 2010. 中华人民共和国 2010 年国民经济和社会发展统计公报. (2011-02-28)http: //www. stats. gov. cn /tigb /ndtjgb /qgndtjgb /t20110228 - 402705692. htm.

16. 中华人民共和国国家统计局. 国民经济核算. (2002-03-2)[2012-05-03]http: //www. stats. gov. cn /tjzd /tjzbjs /t20020327_14293. htm.

第十一章 绿色财政和可持续金融
——调动资金以撬动绿色经济转型

摘要

绿色财政和可持续金融是中国实现绿色经济转型的有力支持。本章分析了现有与低碳发展相关的财政金融政策,包括环境税和补贴、排污收费、绿色政府采购、环境财政支出、资源能源定价、绿色金融实践、资本市场融资以及碳金融等。在梳理这些政策与实践的基础上,也针对活跃发展的绿色信贷、碳市场建立、碳金融以及对低碳中小企业的财税支持等问题进行了多角度的分析与建议。

大事记

- 1992 年 9 月,国家环境保护局、物价局、财政部和国务院经贸办联合发出《关于开展征收工业燃煤二氧化硫排污费试点工作的通知》,尝试运用排污收费应对二氧化硫污染和酸雨问题。
- 1994 年,中国实施分税制财政管理体制等一系列财税改革,开始比较主动地将税收用于和资源环境相关的消费的调节工作。
- 2002 年 1 月,国务院通过《排污费征收使用管理条例》,并于 2003 年 7 月 1 日起施行,这是对中国排污收费实践的一次总结,是中国排污管理的一大进步。
- 2006 年 10 月,财政部、国家环保总局联合印发《关于环境标志产品政府采购实施的意见》,开始逐步推广政府绿色采购制度。

- 2008 年 2 月,原国家环保总局、证监会联合下发《关于加强上市公司环境保护监督管理工作的指导意见》,对上市公司建立环境核查制度,利用环境绩效评估及环境信息披露,加强对公司上市后经营行为监管。

- 2008 年 8 月,上海环境能源交易所正式成立,成为全国首家环境能源交易机构。同日,北京环境交易所也成立。

- 2008 年 10 月,兴业银行承诺采纳"赤道原则",成为中国首家采纳"赤道原则"的银行。

- 2009 年,国家推出了小排量汽车购置税优惠政策,购买排量在 1.6 升以下的轿车,可按 5% 的优惠税率缴纳车辆购置税,鼓励消费者购买节能环保汽车。

- 2009 年 12 月,人民银行、银监会、证监会、保监会出台《关于进一步做好金融服务支持重点产业调整振兴和抑制部分行业产能过剩的指导意见》,提出金融机构要进一步加大对节能减排和生态环保项目的金融支持,支持发展低碳经济。

- 2012 年 2 月,银监会出台《绿色信贷指引》,对银行业金融机构有效开展绿色信贷、大力促进节能减排和环境保护提出了明确要求。

一、综述

　　财政和金融是重要的社会经济活动,对优化资源配置、支持经济改革、加强国家的可持续发展发挥着重要作用。中国财力不断增强,国家财政收入从 1992 年的 3483.37 亿元增加到 2011 年的 103 740 亿元,国家财政支出从 1992 年的 3742.20 亿元增加到 2011 年的 108 930 亿元,分别增长了 29.8 和 29.1 倍(中华人民共和国国家统计局,2011;新华社,2012)。中国初步形成了银行、证券、保险等功能比较齐全的金融机构体系,成为推动经济高速增长的强劲动力。然而,在经济腾飞的同时,愈加严峻的资源与能源约束,频繁发生的环境污染及气候灾害等环境问题也不断凸显,对中国经济与社会发展的可持续发展提出了重大挑战,财政和金融系统在此背景下也需要锐意改革,为实现绿色经济转型提供支持。目前,与环境相关的税收和补贴、排污收费、绿色政府采购、环境财政支出等财政工具不断出台,金融业也加快了转型和创新的进程,为低碳产业发展提供资金,激励技术创新,信贷、证券及保险等绿色金融、碳金融的实践在这几年也快速地发展。然而,较于应对严峻环境问题的迫切性,中国的财政和金融体系在推动绿色经济发展上仍存在诸多不足。

（1）支持可持续发展的财政政策仍待加强

在财税政策和调整资源能源产品定价方面，1994年中国的财税改革比较主动地将税收用于对资源环境有关消费的调节工作。例如，在增值税中设置对纳税人销售或进口石油液化气、天然气等相对清洁能源实行13%的低档税率，对废旧物资回收的经营单位在销售其收购的废旧物资时实行免税，对资源环境相关的消费品征收消费税等（梁云凤，2010）。自2003年强调统筹人与自然和谐发展的科学发展观提出以来，中国的环境财政政策进入新一轮的发展阶段。2004年起，财政部、国家税务总局多次调整了出口退税率，适时取消和降低部分高能耗、高污染和资源性产品的出口退税率，对部分不鼓励出口的原材料等产品加征出口关税，降低部分资源性产品进口关税。2006年又对消费税的税目和税率进行了1994年以来最大规模的结构性调整，适当扩大了征税范围，以强化对资源能源节约和环保的力度（梁云凤，2010）。2009年始，酝酿多年的燃油税费改革终于取得突破，燃油税开征。虽然，财税政策和资源能源产品定价机制呈不断完善的趋势，但改革步伐还有待加快，力度有待加强。总的来说，成品油等资源产品的价格形成机制仍保有一定的计划经济特色，国家出于降低企业生产成本、保证出口产品价格优势以及抑制通货膨胀等考虑，在资源能源产品定价上一直保持谨慎的态度。资源能源产品在整个生命周期中对环境的影响仍未能通过相应的税收设计反映在其销售价格上，对资源能源产品的补贴扭曲了市场信号，不利于资源的有效配置和节约利用。资源能源产品成本偏低，使企业增长粗放，削弱了其节能减排、追求技术进步和自主创新的动力。

在排污收费制度方面，国家出台了一系列关于排污收费的政策法规，从1992年的《关于开展征收工业燃煤二氧化硫排污费试点工作的通知》，到2002年颁布出台的《排污费征收使用管理条例》，排污收费的实践也从一些试点项目发展到在大气污染、水污染和固体废物污染三个领域全面铺开。排污收费制度的完善对减少SO_2、COD、BOD等污染物排放起到了积极作用，使"污染者付费"原则在中国逐步确立，成为企业防控污染的行为准则，并且为排污权交易的发展打下了制度基础。但是，目前的排污收费制度尚存在一些问题，比如污染物排污费征收标准偏低，不能弥补污染治理成本，不利于污染物的治理和减排，也形成企业排污成本低于治污成本，不利于调动企业污染防治的积极性的态势（国家发展和改革委员会，2007）。再如，企业偷排现象还时常发生，一些地方政府出于对GDP和财政收入增长的追求而对一些身为纳税大户的污染企业有所庇护。因此，对企业排污的监控还需加强，排污费征收和执法力度需要强化。

近年来，政府绿色采购制度也开始在中国推广。2006年原国家环保总局和财政部联合发布《环境标志产品政府采购实施意见》和首批《环境标志产品政府采购清单》，并于2008年1月1日起全面实施。截至2012年1月，国家已对"绿色采购清单"进行了九次调整，最新公布了《关于调整公布第九期环境标志产品政府采购清单的通知》。据统计，2007年政府采购节能环保两类产品总额达164亿元，占同类产品采购的84.5%（新华网，2008）。中国的绿色政府采购工作刚刚起步，整个社会对环境标志产品的了解和重视比较薄弱，企业开发环境友好型产品的积极性还有待提高，绿色采购的产品标准制定和采购程序的透明度也需要加强。

（2）绿色金融产生与发展

资金流动依托于金融市场，绿色产业发展与减排目标的实现需要金融领域的融资支持。中国绿色金融的产生要归功于2007年政府出台的一连串创新性的环境经济政策，包括绿色信贷、绿色保险和绿色证券。这三项绿色新政的推出，对绿色金融的发展具有里程碑意义。

绿色信贷概念自1995年提出，至今已取得阶段性的发展。特别是2007年，由原国家环保总局、人民银行、银监会联合发布的《关于落实环保政策法规防范信贷风险的意见》，是绿色信贷快速发展阶段的起点，其特征是环保与金融跨部门合作推进信贷政策，要求金融机构严格贷款审批、发放和监督管理，对在环境上严重违法的项目不给予授信支持。据银监会（2012）统计，截至2011年末，仅国家开发银行、工商银行、农业银行、中国银行、建设银行和交通银行等6家银行绿色信贷余额已逾1.9万亿元。多数银行响应政策，各自制定了信贷环境风险控制的管理体系和办法。譬如：在授信审批中实行"环保一票否决制"；对"两高"企业实行名单管理，将环境因素落实到贷前、贷中和贷后管理的各个环节。

案例1　兴业银行的绿色金融实践

兴业银行2008年采纳了金融界应用最广泛，管理项目融资中环境和社会风险的"赤道原则"，成为中国第一家也是唯一一家"赤道银行"；此外，早在2006年兴业银行就与国际金融公司合作推出能效融资项目，2011年又为兴源水力发电公司的小水电项目提供碳资产质押授信业务，成为最早实践绿色金融的中资银行。

与其他新政策一样，绿色信贷在执行初期也遇到不少问题。比如，地方政府仍以追求GDP为核心驱动，为环境违法的纳税大户企业提供风险担保，使其顺利获得银行贷款，地方保护是阻碍政策落实的一大阻力。银行对绿色信贷的解读多是出于政策要求与企业社会责任考虑,还没能把环境因素真正纳入到信贷风险管理中来调动实际业务的积极性。此外,在信贷审批操作中,也缺乏熟悉能识别环境风险的专业人员与第三方的核查机构。

除了传统的向银行贷款外,上市也成为中国企业融资的另一个重要途径。随着证券市场不断规范,国家鼓励企业进入多层次的资本市场以拓宽融资渠道,支持环保、新能源等新兴产业上市募资。即使在国际经济面临下行风险的大环境下,清洁技术企业在境内上市的融资总额也由 2010 年的 26 亿美元增加到 2011 年的 36.7 亿美元,行业融资总额由第七上升到第四位(清科研究中心,2011,2012)。

鼓励低碳环保企业上市融资的同时,国家在规范上市公司的环保表现上也有所行动。2008 年,环保部和证监会出台的《关于加强上市公司环境保护监督管理工作的指导意见》将环保核查作为公司申请首次上市或再融资的强制性要求,利用环境绩效评估及环境信息披露,加强对公司上市后经营行为的监管。

然而,就在"绿色证券"出台第二年,紫金矿业的金铜矿湿法厂造成污水池泄露,大规模污染发生 9 天后才向外界公布消息,这一事件再次使上市企业环境信息披露的规范问题成为焦点,也暴露出政策监管的不力。以上市作为绿色证券的切入点,是考虑到上市企业要对股东、投资者、公众负责,要承载社会更高的期望,而现实中除企业不作为外,企业环境违法成本低,不会影响其收益,进而投资者对环境风险的识别与防范意识也很薄弱,这也成为对企业监督不力的另一个重要原因。

二、财政金融的多视角分析

强有力的政策支持是鼓励绿色金融发展的重要保障。政府出台并实施了一系列环境友好的财政和金融政策,并取得一定效果,但总的来看,绿色金融还是处于探索阶段,法律保障体系、市场运作与监督机制还不够健全,政策零散并滞后于市场的需求。突破这些瓶颈,就需要在政策实施、市场完善过程中,放宽视野,从长远的观点理解利益相关者的关注,增加信息披露与透明度,接受公众的监督。

(1) 待评估的财政刺激与光伏补贴

为应对 2008 年的全球金融危机,当年 11 月中国政府启动了规模达四万亿人民币的财政刺激计划。该计划以公共投资为主,有 2100 亿元用于节能、新能源和环境生态工程建设,占总金额的 5.25%(巨群,2009)。这笔公共资金投入的初衷包括有效撬动更多社会资本投入到低碳与创新领域,获得长远性的节能和减排收益,达到调整产业结构的积极作用。但结果却有不尽如人意之处,更多资本仍被投到了两高的基础设施建设,特别是对建筑、钢铁、水泥等高耗能传统行业刺激明显,突如其来的投资导致盲目扩张、重复建设等现象出现,短期内对碳减排的压力有增无减。四万亿财政刺激在拉动经济增长的同时对环境、减排产生的影响需进一步观察与评估,这也是中国在绿色、低碳发展与工业化进程并行时面临的挑战。

凭借政府刺激性的资金投资,及对企业的一系列财税优惠,新能源产业得以迅猛扩张,但一些负面效应也随之而来。以光伏行业为例,2008 年被国家纳为战略新兴产业,在政府的大量补贴支持下国内的光伏制造业快速发展,2010 年中国太阳能电池组件产量占世界产量的 45%,连续四年居世界第一(李俊峰,2011)。由于政府补贴的错位以及光电并网受限,光伏消费的国内市场并没有形成,生产的太阳能电池约九成出口,企业蜂拥至制造端但未能掌握核心技术。此外,多数的多晶硅企业在生产过程高能耗、高污染,也背离了发展可再生能源的初衷。补贴光伏并非错误,它不仅可以增加本国的绿色就业和行业竞争力,更可提升国家应对气候变化能力。但补贴的方式有待改进,相比中国补贴生产端的政策,欧盟的补贴重点在消费端,而欧盟的补贴方式有利于刺激消费、培育市场。因此,中国应汲取经验,同时打破太阳能并网门槛,培养需求强劲、竞争公平的国内光伏市场。

(2) 绿色经济呼唤金融体制改革

传统过度消费的发展模式使世界陷入环境和资源的困境,在经历了诸多并发的金融危机和市场失灵后,"绿色经济"被认为是旨在推动全球范围经济发展方式革命性转变的一种全新的经济模式。绿色经济的提出必然也呼唤着与之适应的绿色金融体系。中国金融业的发展现状决定了国家目前在绿色金融还处于起步阶段,自身发展存在着诸多困难和障碍,绿色经济的发展也面临获取可持续资金和技术支持的挑战,这些都客观上要求改革现有的金融体制。

消除阻碍绿色金融发展的制约因素正面临不少亟待解决的问题。现阶段,银行贷款仍是企业主要的融资渠道。为获得稳定的投资回报,银行更愿意把钱贷给拥有政府隐形担保的国有企业,而造成中小企业无人贷款,且贷款利率高、资产抵押和信用担保缺乏等融资难的问题。当国家收紧银根,银行信贷收缩,中小企业就难以从正规金融机构获得资金,只得涌向民间借贷,推高利率;加大了企业的债务负担和经营风险。低碳产业链上的绿色中小企业更是面临融资困境。一方面,他们自身管理水平欠缺,在技术创新上有风险,国内风险投资与股权融资的渠道也不成熟;另一方面,对于那些生产工艺和装备较为落后的民营企业,他们是工业能耗和污染的主要来源之一,但因缺乏再融资的支持,无法做到节能减排改造,给国家节能减排目标的实现带来负担。尽管发改委 2011 年下发《关于鼓励和引导民营企业发展战略性新兴产业的实施意见》,提出对战略性新兴产业加大投资,但仍缺乏具体扶持细则。如何为低碳、绿色的中小企业提供信用担保、税收优惠等多样化的政策亟待出台,进而引导民间资本真正参与,增加金融管理的透明度,构建多层次的信贷金融体系。

金融改革,着重要提发挥金融主导作用的银行,它们能否将控制污染、节能减排因素融入信贷风险管理和主营业务,是绿色金融实现的一个重要表现。"绿色信贷"政策是国家针对银行业制定的指引性政策,初衷着眼于控制资金流向,即银行在授信时要进行环境风险评估,卡住污染企业的资金命脉。实施过程中,银行则主要从自身业务考量,更愿意从积极支持环境友好贷款[①]的角度解读,而忽视抑制贷款流向"两高一资"[②]的政策目的。从银行公开的信息来看,各银行在绿色信贷上的披露仍处于自愿状态,披露内容笼统,统计口径不统一,对"两高"的定义参差不齐,这导致从现有披露信息上无法了解银行在环境上的贷款表现。此外,银行对"绿色"贷款的界定需要再探讨,比如,国际上核电、大水电、煤炭脱硫、垃圾焚烧等这些有环境争议的项目是不会被纳入绿色信贷范畴的。反之,银行在落实政策过程也有难言之隐。毕竟商业银行要逐利,都难割舍大项目,然而目前的"绿色信贷"政策为指导性规范,需要依靠银行内部机制自发推动,缺乏监督与惩罚,这就造成绿色信贷"各成一家"的局面,导致的结果就是哪家银行落实绿色信贷政策越彻底,客户资源就丢失越快,这使银行在推动绿色信贷上缺少动力,举步维艰。

考虑到国有银行的重要性和特殊性,银行在现有市场机制下实施绿色信贷既难以受到法律约束,又不能完全发挥金融杠杆的作用。欲改变这种局面,放开金融机构的贷款利率管制是前提,放宽对于银行绿色贷款利率的浮动范围,银行可以根据各地方环保和经济政策,设计浮动利率的贷款机制,才能有动力推动绿色信贷。另外,银行还要对现有盈利模式有一个突破,除了传统靠存贷款利差盈利外,应引导和鼓励增加中间业务收入并开拓新兴的业务。然而,无论是借助市场的价格、利率的自我调节机制,还是更多依赖行政约束的手段,都需要再摸索与实践,达到实现金融与实体经济的良性互动和可持续发展的目的。

(3)民间力量撬动绿色金融

随着绿色新政推出,民间参与环保的策略也有所突破,从传统定位在公众宣传、末端治污,到研究利用金融杠杆切断污染的资金源,推动绿色金融,发挥社会监督作用。

---

① 环境友好理解为支持清洁能源开发、节能减排技术改造、垃圾污水治理、废物循环利用等有益于环境治理的项目。

② 两高一资即高耗能、高污染、资源性。"两高一资"企业主要包括钢铁、水泥、造纸、化工、火电、铸造、电镀、印染、制革、有色冶炼、焦化、氯碱、采矿等。

案例 2　NGO 推动绿色金融发展

早在 2001 年，重庆绿色志愿者联合会致函工商银行，呼吁不要给破坏生态环境的金佛山索道项目发放贷款。近些年，民间组织在推动绿色金融的行动上日渐深入。2009 年 9 家 NGO 共同发起中国首个"绿色银行创新奖"，奖项由民间团体独立评选，是 NGO、金融机构与媒体多方合作的有益尝试。同年，绿色流域发布《中国银行业环境记录 NGO 版》，连续三年以民间视角记录中资商业银行的环境和社会表现。创绿中心也着手对银行在能源行业的贷款进行分析，推动银行业务的碳披露。

除倡导和研究之外，NGO 对污染贷款以及上市公司环保核查的监督，反应愈加迅速：2008 年 6 家环保组织致信环保部，要求暂缓金东纸业的上市环保核查。2010 年 11 家环保组织就紫金矿业故意延迟通告污染事件呼吁沪、港交易所完善上市公司的信息披露制度。2011 年云南曲靖铬渣非法倾倒曝光，NGO 向上市银行发公开信，询问其是否与污染事件的企业有信贷关系，向银行问责并对监管部门提出信息公开的申请。2013 年，公众环境研究中心发布绿色证券首期报告，指17 家水泥上市公司违规排放废气污染物造成雾霾，回避披露义务，同时也发布绿色证券数据库网站，收录 850 余家上市公司的环境监管记录方便公众监督。

越来越多的本土 NGO 选择以独立的视角审视与监督金融机构的行为，这无疑是以政府为主导的金融监管体系的有力补充，同时也增强了 NGO 自身参与政策讨论的能力和空间，是中国民间组织专业化与更加多元化发展的尝试。尽管，这些污染事件因受到公众关注、媒体曝光而被不同程度的解决，但也看到，环境违规项目背后的金融机构最终多是毫发无损。这一方面是由于中国民间 NGO 的影响力较薄弱，另外还源于中国在信息披露制度上的束缚，信息公开的法律法规不健全。比如，NGO 在了解银行绿色信贷的实施情况时，经常吃闭门羹，深感信息获取之难。当出现重大环境污染事件，银行会以"涉及商业秘密"为由，拒绝公开向关联污染企业贷款的信息，向银行问责举步维艰。此外，NGO 依据《政府信息公开条例》向监管部门申请披露银行在污染项目中的角色，也会受地方保护主义和特殊利益集团的影响，使问责困难重重。民间推动绿色金融，除来自外界的阻力外，NGO 现阶段自身能力上的不足也是一个问题。

（4）碳市场与碳金融

面对全球发展的新格局，以碳排放权为载体的碳金融成为各国关注的热点。碳市场的发展关系到碳金融，也关乎中国在未来全球低碳经济中的市场竞争力与国际地位。在国内碳市场形成前，中国的碳金融基本上是在清洁发展机制（CDM）体系下完成的，包括基于 CDM 项目的低碳投融资、核证减排交易（CERs）以及相关的金融中介服务。中国具有潜力巨大的碳减排市场，但作为国际碳市场真正主力的碳排放权交易市场在国内还未构建起来。2008 年上海环交所、北京环交所和天津排放权交易所成立，但是，由于企业没有强制减排责任，交易需求并不大。企业即使参与交易，也缺乏付费进场的动力，更愿意在场外完成交易。交易量和规模都较小，导致各交易所"有价无市"。可以说 2013 年是中国碳市场元年，国内七省市碳交易试点的启动，为形成全国统一的碳市场做筹备。试点阶段是边学边做的过程，根据欧盟、澳大利亚过往经验，中国的碳市场要注意以下问题：首先，现行的排放总量控制是一个"自上而下"分配的累加量，数据不准确和缺失，可能导致总量"过高"而丧失"减排"的初衷。其次，给行业分配免费配额要审慎，避免出现"奖懒罚勤"，即排放越多免费越多的不公平现象，同时还会导致碳价变得很低。最后，来自碳市场包括抵偿类项目或采取拍卖获得的收入，应投向适应、减缓的研究和行动，真正实现"取之于碳"，"用之于碳"。

从国际经验来看，碳金融渗透到碳市场的多个交易环节，业务从最初给企业的低碳项目贷款、提供咨询，在二级市场上充当做市商以提高交易的流动性，到开发碳证券、碳期货、碳基金等金融衍生品。与国外金融业的深度参与相比，国内金融机构在碳金融上还处于探索与积累阶段。涉及较多的还是基于绿色信贷的支持性贷款，如对清洁技术、节能减排的企业和项目进行贷款倾斜。为数不多的商业银行开发了为 CDM 项目的咨询中介服务，推出初级的碳金融产品。国内金融机构嗅到碳金融的商机，各种产品开发与试水在慢慢发酵，成熟还需时日。无论是碳市场的培育，还是金融机构自身对碳交易、碳金融的了解和业务能力，都将会是由政府引导转向市场主导的一个长期缓慢成长过程。然而，随着碳金融成熟，资金大量涌入，也要避免由于对全球化石燃料储量及其潜在排放过高估值而造成的市场"碳泡沫"。

三、政策建议

长期以来，命令控制型的环境政策在中国环境治理中占据主导地位。近些年来，随着全社会对环境问题的日益重视和治理决心加大，政府接连亮出"重拳"，在污染控制、节能减排等方面运用约束性政策手段取得一定成效。虽然，命令控制型的环境政策具有由国家强制保障实施的优势，但它也使政府、企业和公众之间的信息不对称，没有调动生产者与消费者的积极性，起到的效果有一定局限。要达到更高的环境保护与低碳发展目标，仅依靠"铁腕"政策是不够的，还要更充分地发挥绿色财政和金融的杠杆作用。通过"有生命力"的经济手段，矫正环境的外部性与由公共品属性所引发的市场失灵,使资源开采利用实现外部成本内部化,激励企业、个人向有利于环境的方式转变,最终使政府与市场共同在与可持续发展相一致的轨道上更好地发挥作用。基于前面的分析,我们对推动中国绿色、低碳经济发展的财政金融战略提出以下建议:

① 完善环保财税体系建设。积极大胆地开征"绿色税收",对不同能源产品开征有差别的碳、二氧化硫、氮氧化物税等;财政补贴投放到有利于保障民生、改善环境、保护气候的领域,逐步取消对高污染、高排放的化石能源的不合理补贴,使可再生能源在价格上具有竞争力。

② 强化财政政策的科学与透明。将成本收益、全生命周期等方法纳入绿色财政制定的流程,资金投入时要平衡生产与消费端的资金投入需求,打破原有的行政壁垒与定价机制,培养需求强劲、竞争公平的低碳市场。建立披露机制,接受社会监督,打造绿色"阳光财政"。

③ 拓展低碳中小企业的多层次融资。降低准入门槛,使企业能畅通地发行股票、债券以及吸纳风险投资。证券市场需要严格规范上市公司的环境信息披露,逐步要求上市公司展开碳排查与碳信息披露,这不但有助于投资者评估长期的碳风险,也是企业帮助国家实现低碳转型的管理战略。

④ 推动可持续银行业。国家应完善绿色信贷政策的监督与约束机制,加快行业标准制定,同时放宽绿色贷款的利率浮动,调动商业银行实践的积极性;银行有责任透明、准确地披露绿色信贷信息。为实现国家的碳减排目标,银行也应逐渐引入信贷碳强度作为绿色信贷衡量的指标。

⑤ 碳税与碳市场协同发力。推进碳市场的健康发展,兼顾透明与公平原则,结合碳交易机制设计制定碳税政策,实现减排、环境与社会的综合效益。在机制设计与确定企业碳排放配额时,考虑"自下而上"的方式,鼓励企业参与、民间监督。

四、小结

环境与资源问题成为中国发展不得不化解的瓶颈,政府正在探索丰富的财税与金融手段,推动节能减排和低碳发展,这对社会资金起到撬动作用,产生了不可小觑的成果。绿色财政与金融作为环境科学、经济与金融的交叉领域也越来越受到各方关注,国际、国内的学者、实践者、民间智库做了大量细致的国内外经验比较以及有益的研究。中国当前的绿色金融、财政仍处于探索阶段,整体法律、法规及政策还需完善,改进的空间与潜力巨大。这就需要政府以积极、科学和开放的态度开展政策的制定和执行,搭建政府、企业与公众的对话平台,让多元声音进入殿堂,集思广益,增加信息的公开和透明,接受公众的监督,这样才能真正共同解决发展中的困难和问题,实现国家绿色经济转型的目标。

白韫雯　创绿中心气候与金融政研部主任,高级研究员。瑞典隆德大学、英国曼彻斯特大学的环境科学与环境政策、管理硕士,曾在多家国际环保组织及基金会从事环境议题工作。主要研究领域包括环境经济、气候与能源、可持续银行业以及绿色金融。

参考文献

1. 国家发展和改革委员会. 2007. 中国的排污收费制度. (2004-04-04)［2013-06］http://www.sdpc.gov.cn/jggl/jgqk/t20070404_126543.htm.

2. 巨群. 2009. 节能减排领域获 2100 亿资金扶持. 中国能源报. (2009-06-08)［2013-06］http://paper.people.com.cn/zgnyb/html/2009－06/08/content_269655.htm.

3. 李俊峰. 2011. 风光无限:中国风电发展报告 2011. 北京:中国环境科学出版社.

4. 梁玉凤. 2010. 绿色财税政策. 北京:社会科学文献出版社.

5. 清科研究中心. 2010 年中国企业上市年度研究报告. (2011-02-17)［2013-06］http://www.zero2ipogroup.com//f/research/2011217952019250S.pdf.

6. 清科研究中心. 2011 年中国企业上市年度研究报告. (2012-03-05)［2013-06］http://www.zero2ipogroup.com//f/research/20123513080098041S.pdf.

7. 新华社. 2011 年全国财政收入逾 10.37 万亿 同比增 24.8%. (2012-01-20)［2013-04-16］http://www.gov.cn/jrzg/2012－01/20/content_2050059.htm.

8. 新华网. 政府"绿色采购"已成为中国发展循环经济重要助力. (2008-12-19)［2013-303］http://news.xinhuanet.com/neascenter/2008-12/19content_10528293.htm.

9. 中华人民共和国国家统计局. 2011. 2011 中国统计年鉴. 北京:中国统计出版社.

10. 中国银监会. 银监会印发《绿色信贷指引》要求银行业充分发挥杠杆作用促进节能减排和环境保护. (2012-02-24)［2013-06］http://www.cbrc.gov.cn/chinese/home/docView/BC52BC0456C94FBAA11212B99ED908ED.html.

第十二章　环境友好技术转移：
政府与市场应各司其职

摘要

环境友好技术通过市场模式从发达国家向中国转移已取得一定成效。获得成效的主要动力来自以下四个因素：中国巨大的市场规模、快速的经济增长、不断增强的环境保护压力和中国政府倡导的自主创新战略。通过分析环境友好技术转移的两个典型案例，本章认为市场是环境友好技术转移的必由之路，政府既要发挥作用，承担部分市场交易成本，同时又需要约束自己的行为，避免鼓励个别企业而扰乱整个市场。环境友好技术的市场需求会因为以下因素的强化而增长，即政府加强环境法治，保护公众环境权益，同时用财税政策从用户端补贴环境友好技术的使用，提高使用污染技术的成本。保护知识产权，鼓励自主创新与市场竞争也是降低环境友好技术成本的关键。同时，中国也应积极促进环境友好技术的国际合作，利用各种资金和灵活的机制来支持环境友好技术在全球的转移和扩散。

大事记

● 1992 年 1 月 17 日，签订《中美政府关于保护知识产权的谅解备忘录》，带动了中国知识产权相关法律的全面升级。
● 1992 年，中国签署《联合国气候变化框架公约》，其中明确提出了发达国家对发展中国家进行技术转移的要求。

- 1998 年 5 月,中国签署《京都议定书》,2002 年 9 月批准。清洁发展机制
(CDM)成为《京都议定书》中所规定的发达国家缔约方在境外实现部分减
排承诺的一种履约机制。

- 1999 年 8 月 20 日,中共中央和国务院发布《关于加强技术创新发展高科技
实现产业化的决定》,确定了科技创新在国家发展中的重要地位和技术产
业化的道路。各部委相继出台配套政策。

- 2001 年,中国加入世界贸易组织,履行《与贸易有关的知识产权协议》
(TRIPS)成为中国应尽的义务。中国的专利保护制度被正式激活。

- 2006 年,制定《国家中长期科学和技术发展规划纲要》,为本土创新和技术
引进提供了指导,同时把环境技术作为一个主要的部分纳入其中。

一、综述

环境友好技术指的是在生产过程中控制、减少污染物的技术,技术转移通常指
的是先进技术(使用、维护、设计、制造的知识与能力)从先进国家向落后国家的转
移。环境友好技术转移是里约可持续发展框架中重要的一项实施措施[1],目标是以
较高的效率来实现环境保护和可持续发展。《里约宣言》和里约三公约的核心原则
是:实现可持续发展需要各国承担共同但是有区别的责任,这个责任也要考虑到
各国不同的能力。基于"污染者付费"原则,也就是说污染者需要为自己排放造成
全球环境的污染付费(例如,二氧化碳),消费者也需要为自己的消费行为所导致的
污染(无论是地区还是全球性)付费。如果这些支付没有公正地体现在价格中(例
如,廉价购买发展中国家破坏环境生产的产品),就需要政府用公共财政和公共政
策来纠正这种扭曲。

环境友好技术转移与普通的商业技术转移有差异,也有类似。商业技术
转移常常不需要政府干预,只要双方能够达成共赢目标,转移就会发生(例如
电信技术,汽车制造技术)。环境友好技术转移也因为有一些互利共赢的可
能,所以存在市场利益导向的驱动力。环境友好技术的转移和需要政府直接
干预的"公共健康紧急状态"(例如艾滋病)也不同,环境友好技术和与公共健

---

① 《里约宣言》第 9 条原则:各国应进行合作,通过交流科技知识,和加强发展,适应、传播和转移技术,
包括新技术和创新技术,加强内部能力建设以促进可持续发展。《气候变化框架公约》第 4.5 条规定:"发达
国家缔约方应当率先减少温室气体的排放,并且要向发展中国家提供额外的资金以支付发展中国家履约所
增加的成本,并采取一切可行的措施转移温室气体减排技术。"

康紧急状态有关的医疗技术都具有正外部性，但环境友好技术转移常常不能顺利进行，因为很多人认为环境友好技术要解决的环境问题还没有紧急到迫在眉睫、非做不可的地步。环境友好技术在市场导向和监管驱动上的双重属性实际上为政府的干预设定了一定边界。

技术转移一直是可持续发展国际论坛上争论的主要焦点之一。争议主要集中在知识产权上。发展中国家通常认为如果对产品和加工工艺垄断，技术的价格会更高。如果发达国家的公司拥有专利，发展中国家的公司生产设备或产品将受到阻碍。发达国家通常认为需要专利，以提供动力，刺激创新，他们不同意松懈关于知识产权的全球规则。引致此种分歧的重要背景是：世界专利的绝大部分由发达国家的公司或个人拥有，发展中国家如果想要获得专利技术，常常需花很高的费用购买（Shashikant et al.，2010）。

中国在可持续发展的多边框架和双边协议的支持下，实施了很多政府主导的技术转移和技术合作项目。这些项目起到了一定的示范作用，提高了一些企业的技术水平和管理水平。但是实际上，其中的多数技术转移并非通过这些项目发生，而是通过企业间利益协商的商业形式完成的。商业形式的环境友好技术转移从20世纪90年代以来取得了有目共睹的进展。虽然转移的主体都是企业，但政府作用相当显著。政府通过政策制定，扩大市场对环境友好技术的需求，鼓励竞争以降低成本。政府的环境保护政策和法规促进了中国市场对于环保技术的需求；经济发展也使中国社会增强了先进环保技术的购买力。中国政府的科技创新和技术转移政策，以及不断开放的市场环境和不断扩大的市场规模鼓励和吸引着国外技术进入中国。环境友好的技术转移基本上是在政府政策影响下的市场交易行为，不是政府为了解决可持续发展问题而主导的一种行动。

目前环境友好的技术转移的水平，与实现可持续发展的需要相比还存在很大差距。原因在于发达国家没有拿出充足的资金来补贴环境友好技术的正面外部性，也缺乏有效的机制来激励技术市场的活力。而中国的技术创新政策惠及的大多是国有大中型企业，而对蕴藏更多创新活力的民营企业以及中小企业支持不够。一方面是欠缺公平性，另一方面比较低的竞争水平导致引进技术的成本增加（垄断价格）。尽管如此，在经济的迅速增长下，中国还是涌现出一批有较强创新能力的企业，如皇明太阳能和远大空调等。此外，就环保的大环境而言，中国缺乏充分有效的环境治理和监管也导致环境价值缺乏体现，对保护环境行为的经济激励和对破坏环境行为的法律制裁都不够有力、有效。

这里试图用不同技术减排能力的分析图来分析技术发展的核心动力。如图

12-1所示：纵坐标是减排成本，横坐标是最大的减排量。负的成本就是利润。如果要实现更多的减排，需要的是扩大横坐标轴下的面积，而这可以通过两种手段实现：① 可以降低不同环保技术的成本，这意味着更加积极的科研激励政策，更加鼓励竞争的市场政策，例如，对发展迅速但是尚不能完全商业化的环保技术应用的补贴(例如可再生能源的上网电价)；② 可以把横坐标轴往上提，这意味着环境成本的内部化，环境价格的上升(例如，环境税)，环保产业的利润的整体上升。不论在什么国家，环境友好技术的发展靠的都是环境政策和创新政策，技术转让也可以看成是技术创新的一种，只不过技术的发源地不在本国罢了。

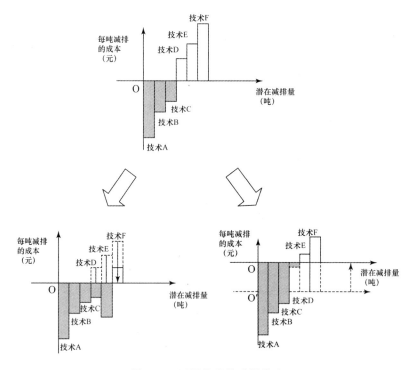

图 12-1 不同技术的减排能力

所以，为了推进环境友好技术在全球的快速扩散，发达国家和发展中国家都需要承担起更多的责任，通过灵活的资金机制和高效的环保政策，把环境友好技术的需要转化成为市场的价格信号，让更多的国家成为对环保技术有吸引力的市场。同时政府需要控制把握好本身的角色，以保证市场能够有效地引导和鼓励企业提高生产效率，提升创新能力。

二、中国在环境友好技术转移上面临的挑战

2001 年中国加入世界贸易组织,进一步深化了市场化、全球化的进程。在这个由发达国家主导建立的游戏体系里面,中国本着务实的态度,接受并努力学习利用规则,依靠自己的比较优势(包括低成本的劳动力资源,以及优惠的政策等),通过为全世界制造价廉物美的产品,逐渐成为世界工厂。在这个过程中,为了提升本土工业在国际市场的竞争力,提高本土工业的附加值,中国通过财税政策、金融和政府采购政策,促进企业创新的政策以及人才激励政策和技术创新引导工程等,逐步建立起以商业技术创新体系、学术知识创新体系和国防科技创新体系为支柱的国家创新体系。同时技术创新的政策从一开始的强调消化吸收国外先进技术,提高设备国产化率,逐步转化为鼓励技术引进和自主创新并重,鼓励跨国界技术合作,鼓励跨国公司在中国建立研发中心。中国的科技研发投入已连续多年以每年约 10% 的速度递增,估算 2011 年研发支出接近 1540 亿美元,位居世界第二,仅次于美国的 4000 亿美元(吉密欧,2011)。

但是中国的创新体制中也存在一些广受批评的问题,如科研中的造假和舞弊,研究经费问责制度欠缺,国家科研活动管理制度安排混乱,高质量科学家和工程师供应严重不足等。为了支持技术引进和鼓励本土的自主创新,也为了应对国际上不断地对技术保护的审查,中国初步建立起了知识产权保护体系。但是,由于中国自身法治建设阶段的限制,目前的知识产权保护体系并不能完全满足要求,国外的技术拥有者对进入中国还存有很大的不安全感。

中国政府应对环境危机的政策和行动也在不断扩大和深入。中国初步建立起了环境保护的法律法规体系和行政管理制度,引入诸如环境管理、清洁生产、环境影响评价等方法和工具,逐步增加政府在环境保护上的投入。在"十一五"期间,首次把节能减排作为一个约束性指标纳入其中。随着经济的发展,普通公民对良好环境的支付意愿和能力也在逐步增长。不过,公民参与环境监督,促进环境执法的作用由于一些制度的限制,还远没有发挥出来。

下面我们通过几个案例①来考察在中国已经发生的环境友好的技术转移。这些案例的共有特点是都有技术("装备"和/或"技能"和/或"知识产权")转移进入中国境内。但是这些案例的转移动力、推动者、出资者、技术优势、外部条件和转移效

---

① 本章节的案例 1 和 2 来自:李俊峰著. 2009. 从商业化技术转移对气候变化的贡献.

果都不尽相同。

案例1　官方发展援助：绿色援助计划

　　官方发展援助（ODA）是发达国家对发展中国家传统的经济援助机制之一，形式一般为发达国家拿出自己的公共资金，以赠款的方式给发展中国家开展发展项目。由于发达国家自身经济发展的需求，往往会给赠款的使用增加使用的条件，例如，必须聘请赠款国的专家，购买赠款国的设备或技术，所以技术转移常常是官方发展援助的重要组成部分。

　　这种模式并不能改变技术需求国对环境友好技术的需求，因为资金没有直接补贴给消费者，也没有改变污染技术的相对成本，也没有培养需求国的自主创新能力。实际上只是政府买单为本国的技术做了一次示范性的推广。

　　日本政府和中国政府在1992年至2003年期间实施的绿色援助计划归属这类援助。在这一援助活动中，技术转移是一项重要内容。

　　项目经费主要支持示范工程和人员培训。日本经济产业省以赠款和低息贷款的方式，支持中国企业购买日本企业的技术和装备。而中国政府将成熟的技术和装置的国产化工作，放入政府优先支持的重点发展领域，也要求各级政府和各行业主管部门给予有效支持。

　　从成果来看，短期并没有立刻实现实质性的技术转移，因为，① 当时中日管理和技术水平差距太大，难以很快消化吸收；② 中国企业的经费有限，如果没有赠款，就没有能力进口先进设备，更不要说购买专利了；③ 中国的环境管理还不够严格，排污成本较低，企业没有减排的动力。

　　政府用公共资金来支付技术转让的一部分交易成本，帮助供需双方配对，这是合理的做法，联合国气候技术中心和网络就是基于这种思路在进行建设。而本案例只能说明政府资金支持的技术交流需要与技术接收方的发展水平、市场的需求水平相对等。也就是说，市场准备好与否是一个无法绕过的问题。该项目结束一段时间之后，其中的不少技术最终还是在中国落地生根了。这因为一方面这些先进的技术为中国的环保技术设立了标杆，也培养了一些相关的技术人员，处于落后状态的中国环保产业得到了学习和发展壮大的机会；另一方面随着后来中国经济的发展和环境问题的凸显，市场的实质性需求终于产生了。

案例 2　市场换技术：超超临界火电机组

市场换技术是中国政府鼓励企业通过合资和联合研发的方式,进行相关技术引进的常用手段。市场换技术的一般模式是：在政府的支持下,双方商定在一定时期内共同开发一定的市场份额,首台设备根据中国市场的需要由外方技术提供方进行主设计,中方参与设计,设备全部在国外制造,随后逐步提高中方设计和制造的强度,最后一台装备完全在中国设计制造。这种方式是从大型水电装备制造开始,逐步向各个行业推广的。

超超临界百万千瓦机组的引进,实际上就是这样一种技术引进、消化和创新的过程。为了引进超超临界发电技术,中国政府以提供市场的代价吸引国外企业与中国企业合作或合资,在工程设计、设备选型、供货商选择和工程建设各个环节都采取"引进技术、联合设计、合作生产"的方式,在引进先进技术的同时,进行技术合作创新。通过技术引进和消化吸收,中国已掌握了超超临界 60万千瓦级火电机组的设计、施工、调试和运行技术,并基本掌握了 100 万千瓦级超超临界机组设计技术,如已投入商业运营的华电邹县百万千瓦超超临界机组,主要设备的国产率已达 73% 以上,主要技术也已经成熟。"十一五"期间中国规划了上百台高效率、低能耗、低污染排放的 60 万千瓦以上超超临界机组建设。到 2007 年底,国产 60 万千瓦超超临界机组的订货量达到 90 多台,100 万千瓦级机组的订货数也有将近 50 台(截至 2011 年底,投产 39 台)。技术引进的效果明显。大幅度地降低了中国发电单位煤耗(图 14-2)。

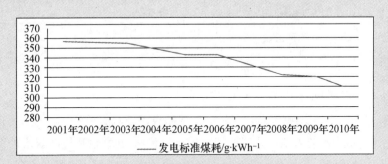

图 14-2　中国发电标准煤耗
(中国电力企业联合会,2011.)

超临界机组技术转移成功主要有以下几个原因：

(1) 原有工业技术能力达到一定水平,没有短期不可弥合的技术差距。通过引进国外先进技术并不断消化吸收,几年来中国发电设备制造业在产品品种和等级上都有了很大的发展,与国外先进企业的差距逐步缩小。

（2）大规模的市场需求。2000—2008 年是中国火电建设的高峰,中国有世界上最大煤电增长需求,也是世界上最大的煤电设备市场。世界各大发电装备制造商发展的重点都在中国,竞争也为技术转移创造了价格下降的空间。事实上,中国巨大的经济总量和增长速度是市场换技术的成功关键,当市场规模和增速达到一定程度,对于一些企业来讲,抢占市场份额就会比保护知识产权更加优先,这也是为什么有些技术拥有者宁愿冒着技术扩散的风险进入中国市场（收益可能依然比不进入中国要高）。

（3）技术的性价比高。超超临界增加的投资不大,总投资与传统的机组差别在 10% 以下,而效率也提高了 5～10 个百分点(见表 14-1),再加上国家的节能补贴和节能调度等激励政策,企业采用超超临界技术的额外成本降低。大多数可再生能源技术的性价比目前还达不到这种水平,一方面因为化石能源的外部性没有进入价格,另一方面技术上效率还不够,所以就需要国家更多的补贴和激励政策才能产生充足的市场需求。

表 14-1　不同火电机组的经济性比较(沈邱农,程均培,2004)

项目名称	容量 /MW	比投资 / $(元 \cdot kW^{-1})$	年均供电煤耗 / $(kg \cdot kWh^{-1})$
亚临界 300MWCFB	2×300	5413	341
超临界 600MW + FGD	2×600	5493	324
超临界 600MW + FGD + SNCR	2×600	5542	325
超超临界 600MW + FGD	2×600	5548	312
超超临界 600MW + FGD + SNCR	2×600	5605	313

数据来源:上海发电设备成套设计研究所

在此类项目的执行中,存在着以下问题:

① 政府参与市场份额的划分,可能会造成新技术进入的不公平性。市场换技术的前提是国家有权力和能力来划分这些所谓的市场资源,国家也有能力规定外资进入的门槛,技术的供需双方实际上不是在一个完全自由的环境中相互选择的,这就可能导致不公平引起的低效率,因为这种方式限制了竞争。其他企业由于本来市场份额就小,很难直接以市场换技术,只能享受大企业市场换技术的辐射效果,或者说溢出效应。

② 市场换技术有可能抑制技术接收方的自主创新能力。由于市场换技术使得双方的企业都尝到了甜头,技术出让方感觉到只要有先进的技术,就会获得市场,从而采取技术领先的发展战略。而技术接收方则以为只要有市场就不愁得不到技术,从而患上技术依赖症,抑制了创新动力。事实上,市场换技术的路线正受

到越来越多关注自主技术创新人士的批评。

三、政策建议

无论技术转移还是自主研发，都是为了减排和保护环境。能够做出理性决策的常常是市场，而不是政府。政府在推进技术进步的时候要坚持"有所为，有所不为"的态度，如图 14-4 所示，政府需要通过制度变革和财税政策，培养一个有竞争性、信息对称、制度健全、需求充足、回报预期稳定的环境友好技术市场，让市场来做出高效的选择，而不是直接干预市场中的企业的行为。

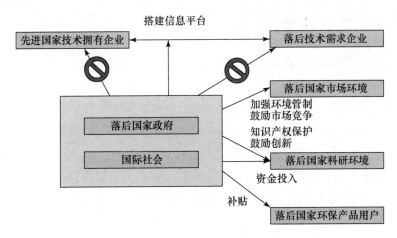

图 14-4 促进技术转移的决策框架

首先，作为全球化进程中技术扩散的受益者，中国必须清醒地认识到前沿技术永远无法通过转移得到，要打破发达国家在先进环境友好技术上的优势，提升自己在国际产业和技术分工中的地位，只有切实培养本土的创新力量。这是一个系统工程，而且需要较长时间才能看到效果。本章关于促进环境友好技术研发的国内政策提出以下建议：

① 改革科研体制，鼓励公众监督，提倡学术独立，严惩造假舞弊。

② 减少行政命令，用财税政策和信贷优惠平等地鼓励外资、国有和民营企业开展创新竞争，鼓励海外留学的技术人员回国创业。

③ 继续完善知识产权相关法规的制定和执行，与国际接轨。

④ 积极投资参与前沿科技难关的国际合作项目，获得共享的知识产权。

其次，为了创造环境友好技术的实际需求，需要继续深化环境保护的制度变

革,提高企业的违法成本,使得环境友好的技术更加具有吸引力。这些变革包括:

① 推进法治建设,把污染的赔偿从补偿性改为惩罚性。

② 保障公众参与,充分发挥公众关心环境和健康的积极性。

③ 逐步减少对污染行业的补贴,引入环境与资源税,通过对环境和资源进行定价,逐步确立环境和资源的市场价值,引导公众的消费观念。并使用征得的资金对环境友好技术的研发和引进进行补贴。

国际制度对于世界范围创新技术的开发和转移的作用也不可小视,我们认为国际制度对于技术转移的作用应是:让发展中国家的消费者能够使用得起清洁的技术,而发达国家的技术创新的动力也不应受到损害,同时应该扫除商业技术转移的人为障碍,培养发展中国家的本土创新能力。因此,我们建议:

① 国际可持续发展的合作框架需要提供充分的资金来帮助发展中国家,特别是欠发达国家,购买清洁能源的技术或者服务,让发展中国家能够给技术拥有者可观的回报预期。

② 需要引入更为灵活的资金机制,例如"全球上网电价"(Global FIT),或者是基于行业的减排机制(类似于行业 CDM),用发达国家的公共资金来补贴发展中国家的某些行业节能减排,给投资者以长期回报的预期。而技术到底能否转移,则要根据这个国家的实际资源禀赋和政策条件来决定。

③ 国际社会需要对技术禁运等商业转移的障碍进行审查和仲裁,特别是针对与环境保护相关技术的壁垒。

④ 建立公共资金,更加有效地帮助技术所有方、需求方以及支持方建立信息平台。

⑤ 用公共资金设立更多专门的奖学金计划,支持发展中国家的人才学习环境保护的相关知识和专业技能,并鼓励他们回国就业。

重要的是,国际社会需要走出谈判中对抗性的不信任局面,以务实的眼光来从历史经验中寻找和发展可行的方案,从小规模的实践开始,逐步培养互信,建立更加深入的合作关系。

四、小结

本章从制度、资金的角度,通过案例回顾了中国的环境政策和技术创新政策在环境友好技术引进、消化和吸收(也就是转移)中的作用,探讨政府和政府间框架对于环境友好技术跨国界转移的推动形式。我们认为,要尊重市场的规律和承认环境友好技术的正面外部性，用充足的资金、严格的环保政策、公正的技术市场规则和自主创新政策来培育全球的有竞争性、信息对称、制度健全、需求充足、回报预期稳定的环境友好技术市场。让它发挥作用，帮助不同的主体以更低的成本找到和利用合适的环境友好的技术，推进全球的可持续发展。

陈冀俍　在气候变化政策领域工作多年，曾在道和环境与发展研究所、伯尔基金会工作，现为创绿中心项目官员。

参考文献

1. 吉密欧. 2011. 中国创新难在哪儿？(2011-12-13) [2012-03-24] http://www.ftchinese.com/story/001042183#utm_campaign=1D110215&utm_source=EmailNewsletter&utm_medium=referral.

2. 李俊峰. 2009. 从商业化技术转移对气候变化的贡献，可再生能源专委会，北京：[出版者不详].

3. 田春秀，李丽平，Lundin，N. 2008. CDM 项目中的技术转让：问题与政策建议. 环境保护. 21:63-65.

4. 沈邱农，程均培. 2004. 超越临界机组参数和势力系统的优化分析. 动力工程, 24(3): 305-310.

5. 中国电力企业联合会. 2011. 2010 年电力工业统计资料汇编. 北京：[出版者不详].

6. 中国国家知识产权局, 2011. 中国专利实施许可合同备案涉及专利申请的年度分布. (2012-02) (2012-03-01) http://www.sipo.gov.cn/ghfzs/zltjjb/201204/P020120412570874262936.pdf.

7. Shashikant S, Kohr M. 2010. Intellectual Property and Technology Transfer Issues in the Context of Climate Change, TWN.

第三篇

环境污染治理

第十三章 应对中国大气污染应解决三大制度障碍

摘要

中国大气污染形势严峻已经是不争的事实。过去 30 年多来,中国大气污染防治业绩赶不上快速经济增长带来的更多的污染排放,清洁空气的梦想仍然遥远。在 CAI-Asia 2009 年调研涉及的 32 个中国城市中,81% 达不到世卫组织关于可吸入颗粒物 PM10 不高于 70 微克/立方米的第一过渡期指导值。假设空气污染的损失以货币折算,按照城市大小规模来看,32 个城市空气污染带来的损失每年达到 234 万美元 (Civic Exchange,2008) 到 11 亿美元 (Zhou,2005)不等。解决中国大气污染问题必须面对三大根本制度障碍:缺乏有效长效区域机制来界定合作与协作的原则与规则;缺乏环境先行的整体经济和行业规划;以及缺乏推动保障同一区域内空气质量管理能力相互补充的机制 。基于 8 年来对中央和地方空气质量管理的探究,本章提出了八项攻克这三大障碍的政策建议。

大事记[①]

- 1995 年,《中华人民共和国大气污染防治法》颁布实施,明确了地方各级人民政府对本辖区的大气环境质量的责任,为公众参与大气污染防治提供了基本法律依据。
- 2000 年,《大气污染防治法》修订,确立实行大气污染物排放总量控制和许

---

① 有关中国大气污染防治领域自 1992 年以来的大事的筛选主要遵循两个指标排列: 1) 科学性:是否反映出遵循空气质量管理领域最本质和最新的科学发现; 2) 公共性:是否反映或回应了公众的诉求。

可证制度。这项制度的建立表明,我国为了遏制大气质量继续恶化,必须引入大气排放总量控制这一必要措施。

- 2005 年,国家"十一五"规划首次把节能减排作为国民经济和社会发展规划的约束性指标提出,全社会对节能减排、环境质量的重要性,从认识到实践都发生重要变化。

- 自 2006 年起,中国环境污染受害者法律援助中心开始活动,公众环境研究中心的空气污染地图、自然之友牵头主编的年度"环境绿皮书"及其于 2012 年发布的空气质量城市排名(2011 年起),引起社会广泛关注,中国民间环保组织展示出专业性和公共性兼具的影响力。

- 2008 年 5 月 1 日,《环境信息公开办法(试行)》起生效。为公众了解环境质量、参与环境管理、维护生计权益提供了依据。

- 2010 年,国务院办公厅转发环境保护部等部门《关于推进大气污染联防联控工作改善区域空气质量指导意见》的通知,标志着中国空气质量管理的思路和部署着眼于"大气流域"这一科学的本质特征,挑战了当前与"大气流域"科学管理需求相悖的体制性顽症。

- 2010 年 12 月 1 日,全国 113 个重点城市发布实时空气污染浓度数据。这是政府环保部门逐步完善空气质量信息的公众发布的里程碑事件,标志着空气质量数据发布朝着更加透明和实时的方向发展。2011 年 12 月起,全国城市陆续发布 PM 2.5 监测数据。官方、研究人员与公众三方几乎同一时间获得数据。

- 2012 年 2 月 29 日,发布《环境空气质量标准》修订稿,它是中国空气质量管理合理回归到为公众健康服务本质的里程碑事件。普遍认为是公众舆论呼唤的成果,实际也是业界多年科研探索厚积薄发的结果。

- 2012 年 9 月,国务院正式批复中国第一部综合性大气污染防治规划《重点区域大气污染防治"十二五"规划》,标志着中国大气污染 防治工作逐步由污染物总量控制为目标导向向以改善环境质量为目标导向转变。

- 2013 年 9 月,国务院印发《大气污染防治行动计划》(国十条),标志着中国政府下大决心提供清新的空气质量这一公共产品和服务,为环境先行、低排放发展做了最高层的铺垫。

一、综述：中国空气质量管理历程

中国空气质量管理是环境与发展主题进程中的一部分,经历了对大气科学的认识逐步加强、对大气污染防控的内涵逐步了解、对空气质量的本质逐步理解以及对空气质量管理的定位逐步明确的过程。

经济增长、环境保护和社会公平是可持续发展概念的三个内涵（Brundtland，1987）。虽然大气环境也是环境保护中的一部分，但由于它相对于水、土壤、噪声而言，更加具有公共性和不可确定性，始终是污染治理中的难题。大气科学及其跨学科深入研究的成果，促使人们认识到了大气污染对社会、经济和生态系统造成重大的负面影响和威胁。大气污染的一系列健康影响涉及增加流产风险、导致呼吸系统疾病发病率升高等问题。按照世界卫生组织的估算，世界上每年死亡人数中有5.3% 源于大气污染，其中 2% 来自户外大气污染，3.3% 来自室内空气污染（WHO，2009）。亚洲发展中国家城市居民中的绝大多数都暴露在不健康的大气污染中。长期致力于改善亚洲城市空气质量的国际环保公益机构 CAI-Asia 在 2009年针对亚洲发展中国家 234 个城市的空气质量水平进行了调研，结果表明这些城市中只有 1% 符合世界卫生组织关于可吸入颗粒物 PM10 的指导值 20 微克/立方米 ，64%的城市连世卫组织最基本要求——第一过渡期的指导值 70 微克/立方米都达不到。在调研范围中的 32 个中国城市中，81%达不到世卫组织第一过渡期指导值。相比之下，亚洲发达国家日本、韩国和新加坡的 58 个城市中，5% 达到世卫组织指导值，100% 达到第一过渡期指导值（CAI-Asia，2010）。

在中国，大气污染问题仅仅在 20 世纪 90 年代末，由于北京申奥，才成为重大的政治议题，受到广泛关注。2012 年 12 月—2013 年 2 月间，北京连续出现的严重的雾霾天（空气质量主要指标之一的 PM 2.5 数值远远超过 WHO 的过渡期指导值，甚至常常超过 250，处于对公众健康有"危险"影响的情形）成了"最后的一根稻草"，帮助中国政府、社会和企业各界形成在经济发展中应当真正重视环保的意识，也促使中国空气质量管理进入了新的历史阶段。

在中国，空气污染的损失以货币折算，按照不同的城市规模，每年达到 234 百万美元（Civic Exchange，2008）到 11 亿美元（Zhou，2005）不等。以 2010 年为例，约有 6.66 亿人口，即将近中国总人口 13．4 亿中的一半（49.68%）生活在城市。按照目前的城市化进程，城市人口在 2025 年将达到 9.26 亿，2030 年将达到 10亿（中华人民共和国国家统计局，2011）。

中国关于空气质量管理的系统概述多是对于大气污染防治和控制措施的描述和总结（WB-MEP，2011）。北京 2008 年的奥运会、上海 2010 年的上海世博会和广州 2010 年的亚运会，则向世界展示了中国综合空气质量管理的实践。通过这些重大活动，公众对于空气质量管理的认识和了解明显提高，对空气质量数据和知识的需求也大幅度增长。同时,政府在大气污染防治方面的公共投资大幅增加,投资领域包括大气监测系统、清洁能源、清洁生产和公共交通优先等。因此,我们认为,大气污染防治的目标应是改善环境空气质量。"防"与"治"概括了空气质量管理的全周期。如果"防"做得不够,"治"的力度再大,也难以根治污染。因此,按照空气质量管理评价的框架进行回顾,或许能对中国应对大气污染的历程有一个相对全面的了解。

通常,当谈及空气质量管理或大气污染话题时,人们的关注点都指向大气污染指数或大气污染物浓度的量化指标,并由此直接得出结论,很少且无从深入了解这些量化指标传递了什么样的信息,更谈不上了解其与可持续发展的进程之间的关系。因此,应该从空气质量管理评价[①]的三个具有内在逻辑联系的单元(业界称之为"指数"),来透视中国在大气污染防治领域走过的历程。

1. 空气质量和健康指数:进步显著,但难以服众

空气质量和健康指数,简单地说,就是参照世界卫生组织(WHO)的指导值,以公众健康为出发点,去衡量并分析城市的空气污染水平。具体来说,这个指数根据亚洲国家空气质量的实际水平,选用 WHO 过渡期目标值,以空气污染指数(API)的概念为基础,选取了 PM 10、PM 2.5、SO_2、CO、NO_2、Pb 和 O_3 共 7 项指标。这些指标中,PM 2.5 与健康的关联度最大,但我国的 PM 2.5 的正式监测始于 2012 年。PM 10 的监测也仅仅始于 2000 年(WB-MEP,2011)。

在评价中国大气污染防治成果方面,中国官方通常用"达标"为依据。所谓达标,指的是把有关大气污染物浓度控制在中国环境空气标准第二级界定值以下。世界银行与环保部联合开展的中国大气污染控制综合管理研究课题的结论之一是:"过去十年,中国在降低城市空气污染物浓度方面取得了巨大进步,其中包括可吸入颗粒物(PM 10)。2001 年至 2009 年,空气质量达到国际二级以上标准的中国城市比例从 3%上升至 84%。2003 年至 2009 年,113 个重点城市的 PM 10 浓度从 126 微克/立方米降低到 87 微克/立方米。"(WB-MEP,2011)我国大气质量标准中的二级标准 为 PM 10 限值 100 微克/立方米,是世界卫生组织准则值 20 微克/立方米 的 5 倍,也比第一过渡期目标标准值 70 微克/立方米高出 30 微克/立方米。因此,如果按照世界卫生组织第一过渡期的准则值来衡量,过去 10 年中国在大气污染防治中的成绩并不突出;在 CAI-Asia 研究的 32 个中国城市中,81%达不到世

---

① 清洁空气管理评价工具是大气污染防治领域首个客观且综合评价空气质量管理的工具,该工具已经在亚洲八个城市测试运用,获得好评,在国际大气领域有较大的影响。英文名称 Clean Air Scorecard. http://cleanairinitiative. org/portal /sites /default /files /documents /1_Clean_Air_Scorecard_Factsheet_May_2010. pdf

卫组织第一过渡期指导值(CAI-Asia,2010)。

从环境空气标准的制定和修订过程看,关于空气质量的内容朝着更科学、更国际化的方向在进展。中国的空气质量标准首次发布于 1982 年,即《大气环境质量标准》(GB3095-82)。此后分别于 1996 年、2000 年和 2012 年三次修订。最新一次的修订自 2008 年立项以来,历时三年多,最终于 2012 年 2 月 29 日发布。该标准涵盖了空气质量与健康指数中的所有污染物,且标准中各污染物的浓度值首次与WHO 第一过渡期指导值目标一致。为中国推动以公众健康为导向的空气质量管理,开创了新局面,具有里程碑意义。国内外空气质量管理业界,包括 CAI-Asia 在内的国际环保公益组织,都认识到,中国在其快速经济增长和成为"世界工厂"的情况下,大气污染控制面临的挑战史无前例;但中国通过能源结构调整、清洁生产、严格机动车尾气排放标准、机动车燃油经济性(质量)、总量控制及区域限批等措施多管齐下,在大气污染防治领域的表现令人瞩目。从监测数据的解读,到对大气污染严峻形势的认识,政府的官方立场与民间和国际上的认识,差距并不太大。监测长期以来是一个由政府全权负责的领域,因此针对公开发布数据的污染物而言,无论是非政府机构和媒体所代表的公众解读和政府正式文献,结论是相近的。在世界卫生组织 2011 年关于世界城市污染的排名中,亚洲数据均引自 CAI-Asia。而CAI-Asia 的数据来源是中国环保部的官方数据。同样,自然之友(自然之友,2012)、绿色和平(绿色和平,2012)、公众环境研究中心的空气污染物地图等都采用了城市环保部门的官方数据。

即使如此,空气质量的总体现状距离公众对于健康大气环境的要求仍差之千里,公众对政府改善空气质量的努力和成绩,无论是力度、成效,还是速度,仍然不满意。一方面,公众呼吁更加透明、包容和实效的措施;另一方面,公众也采取各种实际行动来表达诉求,一个典型案例是 2011 年围绕美国驻华大使馆 PM 2.5 监测数据与北京市官方监测站公布的 PM 10 数据引发的公众大辩论。公众意见和压力开始有了官方外的数据支持,由于建立在公众关于空气质量对健康和生计影响的知识明显提高,公众监督,作为一种要求政策变化的压力和力量,正在加速空气质量管理信息的透明度,并促进政策措施更具效力。所幸的是,中国官方的大气环境智囊结构和科学研究队伍,已经就 PM 2.5 污染着手进行研究。因此,能迅速地支持中国政府回应公众对大气环境实情的关注。由此,才能仅仅通过一年的准备,使74 个城市(京津冀、长三角、珠三角等重点区域以及直辖市、省会城市和计划单列市)的 496 个监测点位按新标准开展细颗粒物、臭氧等项目监测并发布数据①,并计划 2013 年 12 月底前,再增加包括国家环保重点城市、模范城市在内的 116 个城市,在各级环保部门政府网站实时发布空气质量新标准 6 项指标监测数据和 AQI 值,发布《城市空气质量月报》②。目前公众对于 PM 2.5 的关注度和信息获得的便捷性,与天气预报并无二致。从信息的相关性、有效性和可获得性看,中国的空气质量和健康指数有显著的改善。

2. 空气质量管理的能力指数:不断强化,但仍显薄弱

空气质量管理能力可分解为四方面,一是辨别排放源及其贡献率的能力;二是评价空气质量现状的能力;三是估算影响的能力;四是减少和管理温室气体和大气污染物排放的能力。这四方面能力缺一不可。关于排放源及其贡献率,涉及排放源清单,源解析等,这些一直是环保专业领域里的基本和重点工作。后三个方面的能力相对比较薄弱。

以评价空气质量能力为例,它要求管理者具备较强的监测、模型、数据获得和数据解读的能力。监测和数据解读是难点。中国的大气监测在近 10 年发展迅速,重点城市安装了在线实时监测系统,大气监测数据的收集和发布,经过北京奥运会和上海世博会的实践检验,形成了从发布首要污染物的大气污染指数(API),到空气质量日报、预报和实时大气污染物的浓度发布,到 2012 年部署 PM 2.5 监测和发布。以 2012 年 2 月 29 日发布的环境空气质量标准修订版为例,其中引用的监测依据是 2007 年的监测规范。该规范虽然先于 2012 年的环境空气标准,易被质疑为滞后于新标准落实所需的指导。尤其中国的监测数据长期服务于上报,关注的是"达标"与否,而鲜用于为地方应对大气污染而进行管理决策方面提供依据,因此,对于健康暴露相关的监测不够,距离为公众服务还有相当的距离。我国目前并没有专门的监测数据处理规范。仅《环境空气质量监测规范》(试行)中涉及数据处理的方法,但也只是有效数据的规定,没有数据处理方法(规范)(宋国君,2012)。

中国对空气质量监测越来越重视。对于 PM 2.5 监测的三步走中,已经实现了 2012 年 74 个城市的监测;2013 年在 113 个环境保护重点城市和国家环保模范城市开展监测;2015 年将在所有地级以上城市开展监测。并计划有针对性地支持 109 个城市的 625 个监测点位细颗粒物监测能力建设③。这些安排,与国际上如美国和英国的监测点位数和政府投入力度相比,都不逊色。但从管理角度看,这么大

---

① 中国环境状况公报 2012。
② 中国环保部办公厅[2013]86 号文件:关于当前环保信息公开重点工作安排的通知。
③ 2012 年环保部《关于加强环境空气质量监测能力建设的意见》。

的公共资源投入是否直接服务于空气质量管理的调整和空气治理的改善？如果答案是否定的，那么监测数据就无法成为全面评价空气质量状况的坚实基础。其后果是，即使不断发布监测数据，但由于其内涵先天不足，无法服务于公众对于健康空气质量的诉求。

所谓监测数据的内涵，主要指的是以公众健康为目标的清洁空气管理所需要的数据。虽然监测和模型具有极强的专业性，但作为公共政策的决策者和空气质量的管理者，必须先于技术设计提出方向性问题，例如，监测数据是否能说明人群暴露水平、空气污染物的历史轨迹和趋势、空间分布和质量控制这4类问题。就暴露水平而言，其数据应该能回答我们某个范围的公众短期和长期暴露在什么样的空气环境中，这至少需要了解7个主要污染物的浓度值。这就要求，必须有至少一个监测点设在居民点，数据至少1年以上。以日均浓度、8小时平均浓度和每小时平均浓度来判断短期暴露水平；用一周内至少两次的浓度值来判断长期暴露水平。而污染物的历史轨迹与趋势数据，则要求有连续5年的监测值，且按照污染物的特性，要求有所差异。路旁监测是空间分布中的重要环节。这个需求是随着移动源污染贡献率增大和对城市人口出行因而暴露在移动源污染的概率和程度增加而产生的。这是监测领域的新课题。是否有距离道路10米的监测点，是否每周监测两次？环境监测队伍的能力在提升，但环境质量管理队伍的能力还应提高。要明确大气监测队伍与空气质量管理队伍之间的联系与区别。

估算大气污染产生的影响的能力，由于长期的认识欠缺和机构协调缺失，一直到2005年才开始环境健康的协同工作。2007年11月，卫生部和环境保护部共同编制了《国家环境与健康行动计划（2007—2015）》，提出建立空气污染与健康监测网络。2008年1月组建了国家环境与健康工作领导小组，建立了联合办公室，承担国家环境与健康相关工作的运转和协调。这对于推动以健康影响为目的的空气质量管理，无疑是一个喜讯。这有助于把空气污染与公众健康之间的关系，坦然地列入学术和政策讨论的日程，共同探索解决方案，而不是一味停留在从医学病理依据上去求证，不用担心由于大胆假设空气污染与某些疾病之间的联系所带来的政治上的风险。所以说，在环境与健康这一主题上，2008年是具有里程碑意义的一年。健康效应真正开始成为关注空气质量的一个新的角度。科学家和政府官员共同呼吁改进目前的空气质量评价体系。最明显的例子是钟南山等科学家公开明确断定空气污染与肺癌的关系，并呼吁在中国空气质量评价中，应将与健康更加密切相关的污染因子纳入监测和评价体系（彭艳，2009）。2011年12月国务院召开第二次环境健康第二次领导小组会议，开始为大气污染健康影响估算能力的加强提供制度安排的保障。这个能力需要大气监测与流行病学领域的密切合作。一旦合作机制顺畅,这个能力的提升是完全可以实现的。

减少温室气体排放和控制大气污染物的能力随着节能减排力度的加强不断提高。从经费、制度到行业政策,政府都在节能减排的大任务中包含了清洁空气的内容,并落实人财物的配套投入。政府各部门都专门设立了节能减排机构,负责规划并分解节能减排任务。但由于缺乏综合的清洁空气行动计划,不同部门之间的节能减排预期效果与空气质量之间的因果关系或相关度,没有系统的评判标准。因此,出现了一方面节能减排从宣传教育到项目措施上马的整个环节都是主旋律,另一方面空气质量不见改善,公众的不满却越演越烈。令人欣喜的是,中国政府 2013年 9 月颁布并实施《大气污染防治行动计划》(国十条),将空气质量改善放在了与节能减排同样重要的位置,并设定了北京 PM 2.5 浓度到 2017 年控制在 60 微克/立方米的目标。这成为提高空气质量管理能力的前提。

3. 空气质量管理的行动力指数:政策法规齐全,实施见效艰难

这个指数主要是评价包括总体政策措施、交通、能源和工业行业的政策措施和其他行业的相关政策。中国在这个指数上得高分,并不出所料。杭州和济南两个城市对自身的空气质量管理现状的评价结果,也印证了这一点(CAI-Asia,2010)。杭州、济南两市的案例研究非常具有代表性:一方面落实实施了国家和省一级关于大气污染防治的各项政策措施,同时也针对本市的特点,出台了具体的减排措施。因此,杭州在行动指数上的得分较高。在同期的八个亚洲试点城市中,名列前茅,清洁空气管理总体水平位列"逐步成熟"类。这个得分与其在第一个指数——"空气质量与健康"方面的低分形成了反差。济南的结果也具有同样的特点。这就引出了一个大气污染防治领域公共政策的成效评估问题。杭州市为代表的空气质量管理人员,早于 2009 年在中国城市空气质量管理研讨会上,就提出了找到评价公共政策成效分析方法的迫切性。2013 年国务院印发了《大气污染防治行动计划》,提出了 10 条措施,其中包括部门目标责任落实,倒逼经济结构调整,以及每月对空气质量进行十佳和十差的排名等措施,根本目标就是切实改善空气质量。随后 2013 年 9 月又发布的"京津冀及周边地区落实大气污染防治行动计划实施细则",提出在 2017 年,北京的 PM 2.5 浓度控制在 60 微克/立方米。这种以量化指标作为成效依据的思路,是提高空气质量管理行动力指数的前提。

二、分析:需要根治的难题

中国的空气质量管理经过十多年的积累,取得了长足的进步。特别是 2005—

2010 年的"十一五"规划期间,完成了包括 SO_2 排放减少 10% 在内的能效和经济增长目标,成绩斐然。在 2010 年,中国国务院发布了《国务院关于推进大气污染联防联控工作改善区域空气质量指导意见的通知》(简称:《意见》),标志着中国空气质量管理向科学管理迈进,即以空气域分片而不是按现行行政区划分片管理。着眼于共享的空气区域部署空气质量管理措施,是科学界和管理决策部门的共识。

污染减排面临压力巨大。随着工业化、城镇化进程加快,对重化工业和能源的需求呈刚性增长,粗放型增长方式短期难有大的调整,能源消费和污染物排放总量依然很大,减排潜力缩小,任务更加繁重。特别是污染减排工作还存在责任落实不到位、推进难度增大、激励约束机制不健全、能力建设跟不上减排形势需要、监管不力等问题(刘炳江,2012)。我们认为,当前根治空气污染要面对三大难题。

(1) 缺乏有效的长效区域协商机制来界定合作与协作的原则与规则

由于空气的流动性,大气污染防控需要跨越城市边界的合作,或曰城市群,或曰区域。联防联控应对区域大气污染的思路,通过《意见》的方式发布,并被定位为"国务院第一个专门针对大气污染防治的综合性政策文件"。该政策文件由包括环保部、发改委等九大部委联合上书国务院。《意见》发布伊始,大气污染防控业界可谓深受鼓舞,对其在管理思路上的"五统一"和"十项突破"(张力军,2010),更是寄予厚望,期盼数十年来盘根错节的"属地管理"桎梏能有所松动,为区域空气质量管理改善搭建一座桥梁。中央如此,地方也如此。长三角地区两省一市的环保系统官员和技术专家都表达了与《意见》内容一致的真诚意愿。可以说在区域空气质量管理的必要性和迫切性问题上,各级各界认识上高度统一。然而,《意见》落地的过程则漫长又令人沮丧。在《意见》出台两年后,曾经鼓舞人心的"联防联控"的"联"淡出,经环保部审议通过后上报到国务院的规划从《重点区域大气污染联防联控十二五规划》回归到四平八稳的《重点区域大气污染防治规划(2011—2015)》。或许强调"城市",有利于突出由《中华人民共和国大气污染防治法》赋予城市人民政府对其城市空气质量的法律责任,而强调"联",则难以明晰"区域"的法律地位。这种文字上的调整,或许不能据此断定政策思路上有什么变化,但至少说明,从"区域"层面思考和推动全区域工作的难度是根本性的。因为,在区域内的所有城市,并没有在组织上形成一个新的集体。因此,在谈到区域事务时,难以产生归属感,也无法实现归属行为。

(2) 制定整体经济和行业规划时环境先行原则缺失

中国各个机构之间的条块分割,造成了高昂的机构协调成本。在机构协调问题上,从单个部门角度看,工作的出发点常常是没有过失之责。以 2003 年生效实施的《中华人民共和国环境评价法》为例,该法明确规定政府各部门在制定规划过程中,必须要进行环境影响评价,否则不予审批。此外,《中华人民共和国大气污染防治法》所明确规定的总量控制和排放许可制度,加上始于水污染防治的"区域限批"制度,共同构成了相对完善的"环境否决权"。但在实际落实中,环境规划与整体的经济和行业规划之间的脱节司空见惯。结果造成决策失灵、资源浪费等问题积重难返。

仅有规定,而没有辅之实施的手段,是不够的。如果能制定一个为政府各部门都认同的量化的空气质量改善目标,或许能促进政府各部门间、不同行业之间和不同利益群体之间达成共识的过程。这个过程不论我们冠以它什么名称,都是必需的。只有找到一个有效的抓手,才能避免这个局面:一方面政府出于保护环境的目的出台一系列财政经济政策和行政政策;另一方面人们却感受不到实际情况的改变。2013年刚刚出台的《京津冀及周边地区落实大气污染防治行动计划实施细则》,提出了量化指标,且强调了部门职责分工。为解决这个难题开辟了一个实验区。如果实施细则的内容能融合到本地区各部门业已编制完成的十二五规划和行业规划中,即,环境目标先行的原则落实到位,2017年北京PM 2.5浓度达到60微克/立方米的目标实现的概率将提高。2012年的中国城市空气质量管理研讨会上,从城市代表那里了解到,在当地十二五规划的编制过程中,大部分城市都没能坚守环境目标优先的原则。这就是说,各行各业的发展规划产生的PM 2.5排放量极有可能仍然难以确定,从而使制定PM 2.5目标,有可能成为良好的愿望,而无法预测,进而无法预防。

(3)缺乏保障同一区域内空气质量管理能力互补的机制

由于政策分析专家通常关注自上而下的宏观问题,而常常忽略了区域内不同城市、不同省在空气质量管理能力方面的参差不齐,而阻碍区域合作这个难题。这个难题如果得不到系统和根本的应对,再良好和彻底的顶层政策设计,都无法落地,而只能依靠国家层面的具体任务下达来实现。例如,2013年的国十条,就是针对全国的普遍问题,把重点区域列为重点,下发的十大类工作任务。这虽然突出了中央对空气质量改善的决心,却无法对区域空气质量管理大幅改善的瓶颈予以疏通。例如,新颁布的环境空气质量标准首次与世界卫生组织的空气质量指导值挂钩,转向以健康为导向的空气质量管理。从顶层设计上来说,如果一些基础工作没有准备好,就会造成"基础不牢,地动山摇"的局面。特别是在有关监测规范、方法和设备选择的决策上。

三、政策建议

要破解上述三大难题，必须具有开放、创新、务实和协作的态度，才能寻找到出路。为此，特提出以下相应的建议：

(1) 对于缺乏有效的长效区域协商机制来界定协作的原则与规则的问题的建议

第一，在不同城市、不同省份之间的区域协作机制正式确立前，首先要建立起广泛参与的伙伴关系，建立信任，这是确保协作机制发挥长效作用的关键。

具体来说，伙伴关系的建立首先需要区域内不同方面本着自愿平等的原则，讨论并识别在本地区推动区域空气质量管理所必须具备的机制、原则和规则。最好是一步一步地逐步稳健推进，但首先要就透明和数据现状达成共识。在起步阶段，或许需要一个独立的机构来协助这个讨论与对话的进程。长三角已经率先进行尝试。

目标群体：环保系统的科研、监测和中层官员，区域外有一定可信度的独立机构或团队(大学或非营利机构)。

第二，加强本区域各城市、省环保厅局之间的协作机制。

环保厅局和环保队伍之间的协作，可确保环保系统发出的政策倡导的一致性，只有这样才有助于推动经济增长规划与区域空气质量管理目标之间的协调。

目标群体：区域内的环保系统。

(2) 对于制定整体经济和行业规划时环境先行原则缺失问题的建议

第一，宣传并推广"低排放城市发展框架"，从而促进清洁空气与可持续城市发展并肩而行。目标群体：城市规划的官员和专业队伍，环保专家。

第二，采用系统方法，通过编制清洁空气行动计划的过程，进行空气质量管理。这个进程有助于环保厅局通过确立清洁空气目标，开展系统连贯一致的空气质量管理评价。并编制排放监测报告和政策建议的整个过程来提高其影响力。这个进程也有助于环保厅局转变自己从相对边缘化或后来者的地位变为政府的顾问和监督员。目标群体：市政府综合部门、市发改委和环保系统。

(3) 对于缺乏保障同一区域内空气质量管理能力互补的机制问题的建议

第一，确立空气质量管理知识管理和能力建设体系，并将其纳入到体制内。

该体系内涵应包括空气质量和温室气体管理，从而实现协同效益。该体系的形式多样，可以包括城市实地考察、姐妹城和城市网络、电话会议、出国考察和交流项目等。

目标群体：环保部人力资源管理部门与大气污染防治有关机构。

第二,编制发布城市清洁空气管理报告,积极主动地推动公众参与,从而形成环保厅局与公众联盟推进清洁空气日程的局面。

目标群体:市政府综合部门和环保系统,特别是负责信息发布和共同事务的机构。

第三,确立中国全国(和区域)空气质量年度大会,鼓励城市和区域空气质量管理领域的创新和最佳实践。

目标群体:环保部或部属机构牵头,协同专业领域的非营利机构和学术机构共同主导,中国本土有影响力的环保组织和媒体积极参与。

第四,开发能力建设体系,并组建国家技术顾问组,其成员应包括国内外专家,就空气质量管理具体专题提供具体准确的支持。目标群体:环保部推荐的有一定国际资源整合经验的机构。

四、小结

从空气质量管理评价的三个具有内在逻辑联系的指数来看,中国在大气污染防治领域走过的历程特点是:在空气质量和健康指数方面,进步显著,但难以服众;在空气质量管理的能力指数方面,不断强化,但仍显薄弱;在空气质量管理的行动力指数方面,政策法规齐全,实施见效艰难。根治空气污染要面对的三大难题是:缺乏有效的长效区域协商机制来界定合作与协作的原则与规则;制定整体经济和行业规划时环境 先行原则缺失;缺乏保障同一区域内空气质量管理能力互补的机制 。破解这三大难题的核心在于鼓励并指导区域内自下而上、平等协商;系统培训区域和城市的空气质量管理队伍;贯彻环境先行的低排放发展思路。

彭艳 致力于改善空气质量的政策、制度和框架研究。现为亚洲城市清洁空气行动中心中国区总监。

参考文献

1. 绿色和平. 2012. 东部三大城市群清洁空气行动排名. 北京:[出版者不详].

2. 刘炳江. 2012. 抓住关键 破解难题 推进减排. 中国环境报,2012-02-07.

3. 刘蔚. 改善亚洲空气质量挑战何在? (2010-12-2)http://www.cenews.com.cn/xwzx/dh/201012/t20101201_689974.html.

4. 彭艳. 2009. 空气质量与我们的生活质量. 自然之友. 2009 年中国环境绿皮书. 北京:

社会科学文献出版社.

5. 宋国君. 2012. 城市空气质量连续监测数据处理方法研究. 第八届中国城市空气质量管理研讨会上的发言 http://cleanairinitiative. org/portal/node/8357

6. 张力军. 2010. 推进大气污染联防联控工作改善人民群众生活环境质量. 中国环境报, 2010-06-22.

7. 自然之友. 2012. 2011 年全国省会城市及直辖市空气质量排名//自然之友. 2012 年中国环境绿皮书. 北京: 社会科学文献出版社.

8. 中国发展改革委员会. 中华人民共和国可持续发展国家报告 2012. (2012-06-01). http://www. ndrc. gov. cn/xwzx/xwtt/t20120601_483687. htm.

9. Brundtland GH. 1987. Our Common Future. London: Oxford University Press.

10. CAI-Asia, China Synthesis Report on Air Quality Management, (2007) [2012-05-05] http://cleanairinitiative. org/portal/sites/default/files/documents/prc_0. pdf.

11. CAI-Asia. Making Co-benefits Work-Case Study Report, (2010) http://cleanairinitiative. org/portal/sites/default/files/Making_Co-Benefits_Work_Case_Study_Report_-_FINAL_DRAFT_31_Jan. pdf

12. Civic Exchange. 2008. In A Price too High: The Health Impacts of Air Pollution in Southern China.

13. IISD. Assessing Sustainable Development: Principles in Practice. (1997) [2012-05-05] http://www. iisd. org/pdf/bellagio. pdf.

14. Interview of MEP Minister Zhou Shengxian on the 12th Five Year Plan on Environment Protection (2012-02-20) http://www. mep. gov. cn/zhxx/hjyw/201202/t20120220 _ 223702. htm.

15. IPCC. Climate Change 2007: Synthesis Report. Contribution of Working Groups I, II and III to the Fourth Assessment Report of the Intergovernmental Panel on Climate Change, Vol. 446, Issue 11. http://www. ipcc. ch/pdf/assessment-report/ary/syr/a54_syr. pdf.

16. Mckinsey & Co. Preparing for China's Urban Billion. (2008) [2012-05-05] http://www. mckinsey. com/mgi/publications/china_urban_summary_of_findings. asp.

17. National Bureau of Statistics of China, 2011. The Communiqué on Major Figures of the Sixth National Population Census of China. (2011) [2012-05-05] http://www. stats. gov. cn/was40/gjtjj_detail. jsp? searchword = %C8%CB%BF%DA%C6%D5%B2%E9 & channelid = 6697 & record = 34.

18. Vice Minister Wu Xiao Qing on newly revised China National Ambient Air Quality Standard (NAAQS) at a P1ress Conference on 2 March 2012. http://www. mep. gov. cn/zhxx/hjyw/201203/t20120302_224179. htm

19. WB & MEP. 2007. Study on Integrated Management of Air Pollution Control in China

(Draft).

20. WHO. 2009. Global health risks: mortality and burden of disease attributable to selected major risks. Geneva, World Health Organization. http://whqlibdoc. who. int/publications/2009/9789241563871_eng. pdf.

21. Zhou Y. Richard S J Tol. Valuing the health impacts from particulate air pollution in Tianjin. Working Paper. (2005) [2012-05-05] http://www. mi. uni-hamburg. de/fileadmin/fnu-files/publication/working-papers/WP_FNU89_Zhou. pdf. [Accessed 5 May 2012]

第十四章　城市固体废物——变革从可持续废弃物综合管理层级入手

摘要

20 世纪 90 年代以来,中国的城市固体废物数量增长迅速,废物处理设施和能力也逐步增加。伴随针对固废管理的法规制度相继出台,"减量化、资源化、无害化"的原则也得以确立。以"可持续的废物综合管理"的五级优先排序为参照,我国尚未实现从废物处理到废物管理的根本转变,相关法规制度也并未形成完整的体系和清晰的层次。本章简述了中国城市固体废物的产生、组成、法规和管理体系及行业概况,通过对各利益相关人群的访谈和公民社会参与案例的回顾,探讨了固废前端减量的困难与矛盾,公众参与从对抗"反焚"到合作解决问题的发展,以及以个体和小型企业为主的废品回收行业的困境与出路,最后以切实可行为出发点,结合五个层级的优先性提出了有关政策建议。

大事记

- 1992 年 5 月,国家环保总局批准了《关于控制危险废物越境转移及其处置的巴塞尔公约》,以减少废物的越境转移和减少危险废物的产生量,并在环境无害化的前提下管理和处置这些废物。
- 1992 年 6 月,国务院发布《城市市容和环境卫生管理条例》,这是中国首部涉及城市市容管理并包括固废管理在内的环境卫生法规政策。
- 1994 年,作为世界银行贷款项目的北京市阿苏卫垃圾卫生填埋场建成投产,它是北京市运行最早、规模最大的垃圾卫生填埋场。

- 1995 年 10 月,国家颁布了《中华人民共和国固体废物污染环境防治法》,将固体废物的污染控制纳入了法制轨道。该法于 2004 年 12 月通过修订。

- 2007 年 6 月,在周边居民的坚持反对下,国家环保总局通报北京市海淀区六里屯垃圾焚烧发电项目予以缓建。2011 年,北京市政府明确表示六里屯垃圾焚烧厂弃建。

- 2008 年 6 月,国务院办公厅发布的《国务院办公厅关于限制生产销售使用塑料购物袋的通知》(即著名的"限塑令")开始实施,该通知要求全国范围内所有超市、商场、集贸市场等商品零售场所实行塑料购物袋有偿使用制度。

- 2008 年 8 月,国家公布《中华人民共和国循环经济促进法》,提出"减量化、再利用、资源化"的原则应对和处理生产、流通和消费过程中的废物。

- 2009 年 1 月,发布财政部国家税务总局《关于再生资源增值税政策的通知》,自 2009 年 1 月 1 日起取消自 2001 年以来实施的再生资源行业增值税免征政策,废旧物资回收企业在享受两年"先征后退"的优惠政策后,2011年起需全额缴纳增值税。

- 2010 年 4 月,北京市在 600 个居民小区开展垃圾分类达标试点,2011 年,又增加 1200 个分类试点小区。但居民自觉分类收集的情况并不乐观。

- 2011 年 12 月,由国家发改委、住建部与环保部联合编制的《全国城市生活垃圾无害化处理设施建设规划(2011—2015)》进入实施阶段。根据该规划,"十二五"期间我国城市生活垃圾无害化处理设施建设投资总量将达2600 亿元。

一、综述

(1) 可持续的废物综合管理理念

城市固体废物是指城市地区居民、工业、商业和机关单位等产生的全部废物[1]。中国作为一个正在经历高速城市化和工业化的发展中国家,面临着前所未有的固体废物大幅快速增长的问题,以及随之而来日益严重的环境污染和健康威胁。在世界银行(2005)、UNEP(2011)和欧盟认同和推动的"可持续的废物综合管理",即

---

[1] 本报告将关注城市固体废物生活垃圾的部分,工业废物及医疗、电子和其他危险废物不在重点探讨范围之内。

ISWM(Integrated Solid Waste Management)中,固废管理由高到低分为五级:预防和减量、再利用、循环利用、能源重获(堆肥和消化)以及末端处置(填埋和焚烧)[1]。这一理念是在世界各国固体废物管理的经验基础上发展而来的,其中越高的级别是越受到提倡的处理方式,具体包括优先开展废物预防和最小化,实现分类回收,推动 3R(Reduce, Reuse, Recycle,即减量、再利用和循环利用)原则,实施安全的废物运输、处理和处置等。在这一系统中,填埋和焚烧并非废物处理方式,而是废物在其终端的结局。本章将在 ISWM 的理念下考察中国城市固体废物的各项管理手段和处理措施。

(2) 中国城市固体废物的产生与组成

我国的城市固废主要包括厨余有机物、废弃纸张、废弃塑料、废弃金属和废弃玻璃等,人均产生量不足 0.9 千克/日,低于发达国家水平(Giusti,2009)。但在过去 20 年中,伴随经济发展和城市化速度的加快,固废产生总量和清运量[2]都迅速增长。2004 年全国城市固废产生量约为 1.9 亿吨(World Bank,2005),清运量则从1992 年的 0.826 亿吨增长到 2009 年 1.573 亿吨(中国环境保护产业协会城市生活垃圾处理委员会,2011)。由于不同地区和城市的地理位置、能源结构、发展模式、收入水平和生活方式有所不同,固体废物的组成也有一定差异,收入水平越高的城市废物中纸张、塑料等可燃物的比例越高。总体来看,我国固体废物在组成上的特点是:有机物含量丰富,易腐烂变质;以塑料和纸张为主的废弃包装物增长较快;危险和问题废物(电池、荧光灯管等)混入城市生活垃圾中,比重虽小,却带来较大的环境影响。

(3) 中国城市固体废物的管理体系与法规制度

我国参与固体废物管理方针制定和具体落实的政府机构主要有住建部、环保部、商务部、发改委及各级地方政府。其中,住建部负责城市固体废物处置的规划安排和技术指导,环保部主要针对固体废物处置中引起的污染进行防治,发改委为固体废物管理方针和技术提出指导性的安排和建议。具体的设施建设和处理过程则由各地方政府负责管理。此外,由商务部负责联合各有关部门建立废旧商品回收体系,对不同类型的废旧物品回收处理行业进行

---

① 欧洲委员会于 2008 年 10 月发布了新的《欧盟废弃物框架指令》2008/98/EC,认为高能效的焚烧可以被划入第四个层级,即"能源重获"。

② 生活垃圾清运量是指"收集和运送到各处理、处置设施的生活垃圾"。(《市容环境卫生术语标准》,2004),我国市政环卫部门的官方数据一般为垃圾清运量,而垃圾产生量往往是根据清运量的实测数值,结合常住人口数、居民生活水平、居住条件等参数推算得出。

指导和监管。

中国先后制定了《中华人民共和国清洁生产促进法》(简称《清洁生产促进法》)与《中华人民共和国循环经济促进法》(简称《循环经济促进法》),体现了经济发展方式向资源节约型和环境友好型转变的趋势,垃圾围城的压力与日俱增也促使各项有关法规政策不断出台。2004年底国务院修订了《中华人民共和国固体废物污染环境防治法》(简称《固体废物污染环境防治法》),2007年以后,国家进一步发布了各项与固体废物处理政策配套的具体执行文件和技术标准。但这些先后出台的政策和标准在内容上或有重复甚至矛盾之处,执行情况亦不容乐观(如严格控制境外废物转移、全面实行城市垃圾分类收集、收费处理、限塑、限制过度包装等法规要求均未见长期有效地贯彻执行)。

废旧物资回收利用是我国特有的再利用和循环利用模式,其重要性在法规制定上也日益体现。过去数年间我国在这一领域出台了若干政策文件,提出以废旧商品回收分拣"集约化、规模化"发展和"加强环境保护"为目标任务,也涉及建立包括电器电子产品处理基金在内的财政金融和土地支持政策等保障措施。这是政府加大对该行业支持的良性信号,为未来建立延伸的生产者责任制度做了准备。但另一方面,2009年起施行的《财政部国家税务总局关于再生资源增值税政策的通知》规定,废旧物资回收企业从2011年起再无任何退税优惠,对以中小企业为主的回收处理行业造成相当程度的冲击。

末端处理设施方面,我国在过去10年中出台了一系列政策吸引私营资本进入市政公用事业。2004年实施的《市政公用事业特许经营管理办法》将BOT[4]① 这种特许经营方式引入包括垃圾焚烧在内的固体废物处理行业;《国务院批转住房城乡建设部等部门关于进一步加强城市生活垃圾处理工作意见的通知》等规章和新近出台的"十二五"生活垃圾处理设施建设规划,进一步鼓励私营和民间资本参与处理设施的建设和运营,为焚烧项目上马提供了便利条件。

《循环经济促进法》以"减量化、再利用、资源化"为循环经济的核心,这三点加上垃圾处理"无害化"的要求,成为中国固体废物管理活动的总原则。从立法趋势和政策导向上来看,符合我国作为《二十一世纪议程》履约国的承诺,也与ISWM的理念大体一致。但是,在现行法规及执行现状下,城市固体废物管理仍是典型的末端治理、混合处理,并未能与限制过度包装、减少过度消费、建立

---

① BOT,即Build-Operate-Transfer,建设—经营—转让,是一种公共设施建设的融资模式。在政府没有足够资金投入基础设施建设中时,通过BOT的模式引入民间资本。在固废焚烧项目的BOT协议中,政府一般有义务保证投资企业在其经营期内获得足够的焚烧量及相应的垃圾处理费。

延伸的生产者责任等前端的产业政策和消费引导有效结合起来；"回收"与"处置"两个环节长期以来各成体系，垃圾分类试行在各地受阻，使得再利用和循环利用中问题重重；规范回收利用活动的规章制度陆续出台，其作用和力度有待时间检验，是否会带来进一步边缘化广大个体和私营城市固体废物回收从业者的影响也未可知。

（4）中国城市固体废物处理行业概况

循环利用、能源重获（堆肥和消化）和末端处理（焚烧和填埋）在ISWM理念中位于不同层级，有优先级上的差异。但我国的废品回收与城建环卫是分属不同部门的两个体系，在数据监测和统计上也未能整合。环卫部门一般以填埋、堆肥和焚烧为三种可相互替代的处理方式为口径来统计数据，所统计的垃圾清运量未包含回收处理利用的部分，而物资回收行业的经营情况由商务部门管理。因此，在我国城市固体废物产生总量及其后流入每个层级上的数量，缺乏综合准确的统计数据。

改革开放以来，我国城市固废的管理基本上是从零开始，发展到目前处理设施和能力都得到大幅增长。根据中国环境保护产业协会城市生活垃圾处理委员会（下文简称"处理委员会"）（2011）的数据，到2009年，中国城市的生活垃圾无害化处理率达71%；处理设施的总量先降后升，结构上则是早期以填埋场为主，2004年以来焚烧厂的数量和处理能力显著增长。2009年我国城市生活垃圾清运量中，填埋、堆肥和焚烧处理的比例分别为56.6%、1.9%（包括综合处理厂数据）和12.9%，还有28.7%属堆放和简易填埋。

填埋一直是我国固体废物处理的主要手段，但近年来增长速度明显放慢。从2001年到2009年，伴随城市垃圾处理率的提高，填埋比例从51.8%上升到了56.6%。截至2009年，全国共有卫生填埋场447座，实际处理量8896万吨/年，填埋气体发电成为新型产业（中国环境保护产业协会城市生活垃圾处理委员会，2011）。垃圾焚烧是国家推广的资源综合利用技术之一。在一系列税收优惠、电价补贴等政策支持下，垃圾焚烧发电行业得到迅速发展，并被业内人士认为前景非常乐观。到2010年，全国投入运营的垃圾焚烧厂近100座，截止2009年城市生活垃圾焚烧厂的处理能力为7.12万吨/日，处理量达2022万吨/年（中国环境保护产业协会城市生活垃圾处理委员会，2011）。除了数量上的增长，垃圾焚烧厂的规模也实现了三级跳，从日处理数百吨到2000吨（关中，2010），出现了大型焚烧厂与技术水平较低的小焚烧、土焚烧炉并存的现象。垃圾堆肥则处于萎缩状态。到2009年，全国城市生活垃圾堆肥厂仅有16座，实际处理量135万吨/年（中国环境保护产业协会城市生活垃圾处理委员会，2011）。堆肥作为处理我国城市固废中大量厨余垃圾的有效方式需要进一步改进和推广。

在再利用和循环利用环节,目前我国进入回收利用的废物以纸张、塑料、金属和电子废弃物为主。这个行业与固体废物处理体系相互独立,有较大的非正规性,现有数据亦有限。刘强(2011)认为,2009 年,我国有再生资源回收网点 20 万个,回收利用加工企业 1 万多家,从业人员 1800 万人[①]。

二、城市固体废弃物管理的问题

(1) 法规体系——清晰有效还是重此轻彼?

固体废物管理法规体系的建立、整体协调性和有效性是各方存在较大争议的地方之一。政府官员一般认为,现有法规体系已然健全,在国家立法、部门规章之下各地又制定了地方层面的垃圾管理办法,循序渐进,层次清晰,效果显著。一些学者,如中国环境科学研究院环境工程技术研究所的王琪研究员,认为现有法规自身的协调一致性非常差,缺乏一个完整的体系。《固体废物环境污染防治法》是这个领域的主要法律,它强调固体废物的污染属性,将其与水污染、大气污染并列处之,模糊了废物循环利用和综合管理工作的位置。《循环经济促进法》和《清洁生产促进法》中也有大量内容是针对固体废物减量化和资源化的,但这三部法律之间没有清晰的主从关系,后二者作为"促进性"的法律,指导实践效果欠佳。在这样的情况下,做整体规划时到底以何为依据、行使职权时的条块分割和法规执行中的相互脱节都成为问题。清华大学的聂永丰教授指出,我国的法规标准是一刀切,出台也比较仓促,忽视了不同地区和不同发展水平下如何因地制宜,选择适合当地条件的处理方式和设施建设技术的问题。长期以来在 NGO 做过大量固体废物管理研究的毛达在相关调研的基础上认为,关注减量和循环利用的一些法规,包括《循环经济促进法》和著名的"限塑令",存在的共同问题是规定过于粗略和理想化,缺乏明确的目标和清晰的时间表,更像一个"理想的宣誓",而非具体务实的指导。此外,广东反焚运动代表人物之一——樱桃白(网名)认为,《可再生能源法》(将垃圾焚烧发电作为可再生能源电力进行补贴)、《循环经济促进法》(将垃圾焚烧归为资源回收方式之一)和《市政公用事业特许经营管理办法》(将垃圾处理行业归入特许经营范围)成为支持垃圾焚烧产业大跃进政策的政策"组合拳"。

[①] 这里关于回收网点、企业、从业人员和产值的数据是对包括工业废物在内的各类废物资源回收利用的数据。

(2) 前端减量与分类收集——时机未到,困难重重

减量是可持续的废物综合管理中的第一个层级,也是我国固体废物管理的薄弱环节。众所周知,促进消费与拉动内需仍是我国目前宏观经济政策的总体方向,尽管循环、减量的呼声不断出现,但很容易淹没在一片追求 GDP 的声潮中。鼓励老百姓减少消费,选择可持续的生活方式和消费方式与国家拉动 GDP、扩大内需的政策似乎有矛盾。社会消费现状是炫耀式消费和奢侈性消费发展迅速,但可持续消费方式并未成为大家追求的趋势。另外,中国社会内部贫富差距严重扩大的同时,中国平均消费水平仍然较低,与发达国家差距很大,远远没有达到充分消费的水平。因此有观点认为,垃圾"减量"只有在充分消费的基础上才适宜提出,目前中国抓城市垃圾减量似乎还时机未到。

王琪认为,垃圾减量与宏观经济政策、礼品市场和社会风气的导向、消费习惯等都关系密切。中国缺乏统领性法规的整体布局和多个部门综合协调,建立延伸的生产者责任制度的经济条件和制度保障均未成熟,减量工作困难重重。

在同属前端管理的垃圾分类环节,一般观点认为我国的废品回收利用行业已经建立了一套符合经济规律、比较完整有效的体系,完成了垃圾分类的主要工作,实现了对固体废物中绝大部分可回收利用资源的分拣和处理,达到了可与发达国家相媲美的回收利用率。然而,另一种观点认为,城市居民垃圾分类水平低,各大城市多年来倡导的垃圾分类收效甚微,厨余与其他垃圾没有很好分离,也没有建立分类垃圾运输处理和利用的产业链条。政府需要推动实施一项社会各界参与的、有效的垃圾分类的激励机制。

(3) 反烧与主烧——争论焦点的转移

焚烧问题无疑是中国固体废物管理实践中争论最多和最激烈的主题。从 2007 年北京市居民反对六里屯垃圾焚烧厂建立起,过去数年中全国有三十多个城市发生了居民反焚事件,大多集中在北京、上海、广东、江浙等经济较发达的地区。回顾这一过程及其结果,曾经的反焚公民、NGO 工作人员和专家们共同认为公众对垃圾焚烧的认识在逐步走向理性化。

案例1　六里屯反焚事件回顾

依托于六里屯垃圾填埋场的六里屯垃圾焚烧发电厂是北京市"十一五"规划的重点项目。2006年年底,当地居民在了解情况和研究讨论之后,对焚烧厂建设的环评程序的质疑及其环境健康影响的担忧促使一场轰轰烈烈的反焚运动拉开序幕。2006年12月,周边居民起草了《百旺新城社区居民反对在六里屯建垃圾焚烧厂投诉信》。2007年2月,6位海淀区居民向国家环保总局(现环保部)对《北京市环境保护局关于海淀区垃圾焚烧发电和综合处理项目环境影响报告书的批复》送交了行政复议申请书,当年6月,千余名居民前往国家环保总局表达反焚呼声,居民代表当日与海淀区政府有关领导见面。随后,国家环保总局通报北京市海淀区六里屯垃圾焚烧发电项目予以缓建。此后两年多的时间里,居民先后组织万人签名上书,得到了媒体的持续关注。2011年初召开的北京市"两会"上,海淀区领导明确表示该项目弃建,这一事件告一段落。

起初垃圾焚烧争论的焦点和公众反对的论据主要集中在焚烧厂排放的二恶英、重金属等有毒有害物质带来的健康影响上。随着两种声音不断交流,争论双方对问题的研究和理解的深入,包括反焚代表在内的社会公民都已认同需要正视焚烧存在的现实。目前在焚烧技术上的争论已经弱化,焦点集中在焚烧厂能否规范化建设运营和达标排放、焚烧盛宴背后是否隐藏着巨大的利益链条、公众的权力和利益怎样影响公共事务的决策,以及政府缘何在固体废物管理的投入上重视后端、轻视前端等。

在政策激励下,垃圾焚烧行业短期内涌入大量资金,但不同企业的技术和认识水平良莠不齐,管理缺乏经验,政府的监管和标准制定也不乏漏洞,实际运营中出现问题的风险较高,加上垃圾焚烧可能引发社会矛盾的敏感性,垃圾焚烧经历所谓的"黄金时期"的背后也隐患重重。地方政府面对的不仅是眼前与日俱增亟待处理的垃圾,而且也要面对建立完善有效的固体废物减量、分类、管理体系时要付出的时间和耐心。因此,焚烧似乎成为政府权衡得失、快慢和繁简之后做出的选择。

(4) 有中国特色的循环利用——废品回收利用行业的升级与发展

在我国,一直有民间和企业、机构将可回收利用的废物出售给废品回收者的习惯。废品回收处理行业对循环经济和固体废物管理的贡献受到广泛的认可,这个行业可以说是"再利用"和"循环利用"两个层级在中国特有的发展模式,专家、政府职能部门,以及关心和实践垃圾减量分类的NGO普遍认为其对固体废物分类和缓解末端处理压力的作用重大。但废品回收处理行业总体的生存现状不容乐观。这个行业包含大量个体废品回收者和废品处理小作坊、中小型私营回收处理企业和少数大型回收处理企业及龙头企业。个体回收者和小型企业大都工作辛苦,条件恶劣,回收处理活动中受到来自产业链上中下游的制约:拾捡收集环节一般需以公共管理名义向居委会、物业交纳费用,运输中受到车辆限制,分拣面临场地不足的问题;废品处理小作坊受制于成本和自身技术水平,在加工处理中通常采用简单原始的方式,对周边环境和从业人员自身健康带来严重危害。在环保呼声日益高涨的今天,很多回收处理基地逐渐难以为继;销售环节则需要满足下游用废企业在价格、质量和标准上的要求,整体生存和发展极其艰难。

UNEP 于 2011 年底发布的《迈向绿色经济:实现可持续发展和消除贫困的各种途径》报告中"固体废物"一章提出,在非正规从业者中消除贫困和实现环境公正是绿色化(greening)固体废物部门的重要指标和收益之一。基于这一点反思政府的作用,正如来自 NGO 和行业内部的声音,废品回收处理在我国是一个自发形成、模式成熟且符合经济规律的行业,政府难以也无需收编,应该做的是考虑从业人员利益的、广泛参与和循序渐进的正规化。重点应放在如下几个方面:前端鼓励居民和单位将可回收废物免费交给回收人员和企业;促进物业和社区居委会等与回收个人/企业的合作、减少挤压;中间环节在运输车辆、土地利用、硬件设施等方面予以政策支持和设施配套;资金上提供税收优惠和行业补贴;技术层面对处理过程中的环境和健康风险给予专业指导和培训。最终在保障从业者的就业机会和现有利益的基础上,实现一定程度的产业升级和正规化。

三、公民社会方兴未艾,NGO 在行动中寻找位置

在公民社会尚不发达的中国,近年来在固体废物管理问题上引起的公众和 NGO 的关注、凝聚的公民力量、实现的公众参与和形成的公民行动都可谓前所未有。以垃圾焚烧厂为代表的城市固体废物处理设施的建立,常引起公众的高度关注,甚至形成抗争事件。互联网使这类公众性事件更快、更广地传播并产生影响。环保 NGO 组织有机会引导公众运动更有目标和策略地开展。固体废物管理引发的环境、健康及社会问题也促进了以环保 NGO 为代表的公民社会的成长和公民意识在普通民众中的觉醒。公众参与固体废物管理的手段和形式在实践中也有发展。

(1) 填补公众信息的空白,引导知情的选择

目前中国民众从整体上讲,对包括焚烧在内的固体废物问题的认识和关注依然有限,这反应在"邻避"[①]地区以外的大多数人对焚烧厂的容忍态度和广大公众在

---

① "邻避"源自英文中"NIMBY"一词,即"Not in My Back Yard",直译为"不要在我家后院",指当地居民反对可能造成局部环境或社会危害的设施项目建设在自己社区附近的行为,一般包括对垃圾处理厂、核电厂、变电站、监狱等的反对。

自律的层面上参与垃圾分类行动不足上。"中国垃圾信息工作网络"、"'零废弃'联盟"等各类NGO搭建的全国和地方性交流网络因此相继形成,这些网络平台一方面介绍先进的国际理念与研究,分析解读国内政策和行业发展;另一方面联合公众与NGO的力量,为公众参与政策对话开辟了渠道。从根本上说,固体废物管理是全体公众的事,只有当公众越来越多地认识到自身的选择和行为对未来影响至关重要时,人们才会在当下更负责任、更有效地参与公共事务。

(2) 从"邻避"性抗争行为到建设性合作

城市固体废物处理设施,尤其是垃圾焚烧厂或填埋场的选址建设,是体现公众关注和反对力量的典型事件。垃圾焚烧或填埋场的建设与其最邻近区域外围的小区居民关系最为密切。这些居民最关心设施带来的污染、健康损害和可能的房地产贬值损失。居民当中有不少受教育水平和收入较高的城市职业人群,他们具备借助媒体力量,组织和扩大自发性事件的动力和能力,在意见的表达中起到关键性作用。过去的几年中,东部较发达地区发生的居民反焚事件大都如此。这类行为一定程度上起到了延缓设施建设的作用,同时给政府部门制定政策和确定发展方向施加了相当的压力。但这类运动中公民社会在与地方政府(和利益集团)的博弈中并无"规则"可依,也没有得到法律上的支持(唐昊,2011),成功与否相对随机,很大程度上取决于事件组织者的能力、事件的敏感度与造成社会影响的大小。面对压力的政府一方面可能在短期内放慢焚烧设施建设的脚步,另一方面也逐渐开辟了迂回前进的策略。如何通过公众参与和公民运动推动公众与政府间建立良性互动和解决问题的机制仍是需要探讨的重要问题。

(3) 公众参与政策制定渠道的逐步建立与进展

与此同时,我们也看到政府在固体废物管理政策制定的过程中,逐步与公众和NGO建立沟通渠道、引入公众参与和监督的努力。以北京为例,市政市容委员会固体废物处的工作人员多次参加NGO组织的交流对话活动,与垃圾分类试点社区代表及NGO调研团队共同讨论,各抒己见。虽然观点能否达成一致尚未可知,但参与的态度已让人看到进步。此外,在公众和NGO组织的要求下,2010年北京市将5家垃圾转运站、7家垃圾填埋场和高安屯垃圾焚烧厂定为每周四"垃圾减量日"的垃圾处理设施对外开放场所,接受公众参观,邀请公众充当监督员,发挥直接监督企业运行的作用。公众参与的程序与形式也在向合理化的方向发展。2010年环保部、住建部和国家发改委发布了《关于加强生活垃圾处理和污染综合治理工作的意见(征求意见稿)》,自然之友对其提出了六点综合意见和针对各条款的建议,在征求意见的形式上,亦就环保部公开征求意见的时间仅有六个工作日提出了建议。环保部随后将时间延长五个工作日,一定程度上体现了有关政府部门对政策制定程序上的不足之处愿意听取意见和予以改进的态度。

案例 2　以"两会"为平台，公众与代表合作建言献策

知名民间环保人士黄小山在广泛研究垃圾问题，与各方专家和废物处理企业深入探讨之后，设计并试点运作了社区垃圾分类平台——"绿房子"工程。这一工程通过在社区、单位建设"绿房子"，将保洁员、废品回收人员纳入其中工作，实现垃圾二次分类和初步脱水处理，处理后的垃圾被送进"静脉产业园"。产业园将整合废品处理小作坊和中小型企业，在环保达标的情况下，对可回收废物进行规模化、无害化处理和循环利用。以这一方案为核心，政协代表万捷在 2012 年政协会议上做了《关于在全国推广垃圾分类的提案》，提出建立垃圾分类系统及与之相连的"静脉产业园"，形成固体废物综合管理的链条，希望政府在用地、税收、金融等方面予以配套扶持政策。这一提案在政协会议上受到重视。这种两会代表与公众、NGO 合作提案的模式也许会成为公众参与的一种有效的创新手段。

四、政策建议

回到可持续废物综合管理的五个层级，本着务实可行的原则，针对中国固废管理，我们提出如下几方面的政策建议：

① 综合考虑我国经济发展速度、城市消费水平、消费结构和废物组分，监测收集垃圾产生、收集、清运和处理全过程的数据，测算经济成本，设定切实可行的固体废物整体减量目标和各地区减量计划。

② 协调固体废物管理各个部门，以循环经济促进法的原则为指导，选取废物污染严重的行业和有条件的企业，开展试点，逐步铺开，为最终建立落实延伸的生产者责任制度做准备；另外，通过宣传教育和经济手段引导消费者的购买行为，提倡适度消费，推动包装简单和可拆解再利用的产品扩大市场份额，进而鼓励生产企业采用简化包装和利于减量的设计及生产工艺。尝试分类按量收费、社区初次脱水等措施，建立一套基本完善、行之有效的城市生活垃圾分类收集和分类清运体系。

③ 保障个体和私营废品回收处理行业从业者的利益，在企业合法性、用地规划、技术设备和财税政策方面提供必要的支持，对环保合规性进行监管，协助实现产业升级和无害化的废物循环利用，尽可能降低对环境的二次污染和从业人员的健康风险。

④ 针对我国厨余垃圾占比大的情况，推广堆肥，引进经济可行性在欧洲得到验证的生物性制沼法（UNEP，2011）等先进方法，落实相关补贴政策，健全针对分类

垃圾的下游配套处理设施体系,同时反推前端分类行为。

⑤ 公布城市固体废物产生量、组分与拟建处理设施的产能规划等相关信息;提高固体废物末端处理设施招标、设计和建设及运营过程中的透明度,加强信息公开和公众监督。特别是在垃圾焚烧厂的建设上,应因地制宜,选择废物热值较高、技术水平和资金投入有保障的大中城市有条件地开展。

五、小结

中国的城市固体废物管理仍然存在源头减量有名无实、分类环节薄弱、后端处理能力有限、处理设施运行规范化尚存质疑、设备运行监管和环境健康风险监测不足、从业人员工作环境和健康水平缺乏保障等问题。固废管理法规体系不完整,层次不清晰,未能与 ISWM 五个层级的优先性排序相契合。固废管理政策制定过程中,公众参与仍不充分,但公民社会的力量在这一领域已有所体现,与政府互动和参与决策的渠道正在逐步形成。

建立可持续的废物综合管理体系,对实现中国经济的绿色转型有着重要的作用。综合考虑固体废物管理不同层级和处理方式真实的经济、社会和环境成本,将政策倾斜和资金投入更多地从末端处理转移到前端环节中,将固体废物处理的环境与社会成本合理地分摊到生产者和使用者身上,改变扭曲的成本承担体制,鼓励公众广泛深入地参与政策制定过程和改变消费习惯,真正实现可持续的废物综合管理和行业的可持续发展。

蔡超　在农业和环境领域工作多年,对中国环境、健康和发展等问题有研究经验。现就职于美国社会科学研究协会中国环境与健康项目。

参考文献

1. 关中. 2010. 垃圾发电:今天大跃进,后天大灾难? 中国报道,(5):88-91.

2. 侯红串等. 2006. 中国再生塑料回收利用行业状况及发展预测. 再生资源研究. (4):13-16.

3. 侯红串等. 2006. 中国再生塑料回收利用行业状况及发展预测. 再生资源研究. (4):1-6.

4. 侯红串等. 2006. 中国再生塑料回收利用行业状况及发展预测. 再生资源研究. (6):14-18.

5. 刘强,张艳会. 2011. 再生资源行业发展的现状和机遇. 中国资源综合利用,29(1):22-26

6. 唐昊. "无规则互动"的大连 PX 事件. 中外对话. (2011-09-06)[2011-10]. http://www.chinadialogue.net/article/show/single/ch/4511-Public-storm-in-Dalian.

7. 温俊明,吴俊锋. 2009. 中国城市生活垃圾特性及焚烧处理现状. 上海电气技术,2(1):43-48.

8. 翟昕. 2010. 海关严把废物入境查验关——境内外企业关注政策调整海关官员谈2009年废物进口及21号公告的执行. 资源再生,(4):10-13.

9. 中国环境保护产业协会城市生活垃圾处理委员会. 2011,我国城市生活垃圾处理行业2010年发展综述. 中国环保产业,(4):32-37.

10. 中华人民共和国建设部. 2004. 中华人民共和国行业标准:市容环境卫生术语标准CJJ/T 64-2004,北京:中国建筑工业出版社.

11. 周宏春. 2010. 中国再生资源产业发展现状与存在问题. 中国科技投资,(4):22-24.

12. 徐迎春,何志武. 2010. 我国垃圾焚烧发电的政策文本解读. 重庆科技学院学报,70-73.

13. Giusti. L. 2009. A review of waste management practices and their impact on human health. Waste Management 29:2227-2239.

14. UNEP. Towards a Green Economy:Pathways to Sustainable Development and Poverty Eradication/迈向绿色经济:实现可持续发展和消除贫困的各种途径. [2012-01] http://www.unep.org/greeneconomy/greeneconomyreport/tabid/29846/default.aspx

15. World Bank. Waste Management in China:Issues and Recommendations. (2005) [2011-03] http://siteresources.worldbank.org/INTEAPREGTOPURBDEV/Resources/China-Waste-Management1.pdf.

第四篇

社 会 公 平

第十五章 消除贫困——持续努力中 应增强社会各界的参与

摘要

20 世纪 70 年代末至今,持续快速的经济发展是中国消除极端贫困的重要保障,这一经验也鼓舞了全球消除贫困的努力。1994 年以后,以政府主导的开发式扶贫政策和项目不断提高农村减贫工作的针对性,工作重点也从基础设施建设和劳动就业为主转向基础设施、劳动就业与卫生、教育、村级参与式计划、监督等并重。国际减贫发展理念和方法对中国减贫事业贡献良多,特别表现为社会各界尤其是 NGO 活跃参与扶贫发展行动。本章结合案例剖析和多利益群体采访,以具有中国减贫鲜明特点的整村推进扶贫模式、贫困社区参与、国际合作、脆弱群体支持路径等为分析对象,梳理中国反贫困历程,总结已有成绩和不足,并基于民间社会视角提出继续推动减贫事业的政策建议。

大事记

- 1994 年,国务院制定并颁布"国家八七扶贫攻坚计划",明确提出力争到 2000 年基本解决 8000 万农村贫困人口温饱问题。这是当代中国历史上第一个明确目标、明确对象、明确措施和明确期限的扶贫开发行动纲领。
- 1995 年,首个直接扶持最贫困地区、最贫困农户的综合性扶贫项目——中国西南扶贫世界银行贷款项目(简称:西南扶贫项目)启动。至 2006 年,相继开展了西南、秦巴和西部 3 项综合扶贫项目,项目区覆盖 9 省区、91 个贫困县和 800 万贫困人口,总投资规模 6.1 亿美元。

- 1999 年,中国开始实施"西部大开发战略",旨在缩小内陆和富裕沿海地区发展差距。

- 2001 年,中国政府确定了 592 个国家扶贫开发工作重点县,全部集中于中西部 21 个省(区市),在全国确定了 14.8 万个重点贫困村,覆盖 76% 的贫困人口。

- 2005 年,中国政府扶贫资源首次向民间公益组织开放。国务院扶贫办与江西省扶贫办通过招投标方式启动实施"非政府组织和政府合作开展村级扶贫规划项目",首批有 6 家民间公益组织中标。

- 2007 年,国家开始在全国农村全面建立最低生活保障制度,将家庭年人均纯收入低于规定标准的所有农村居民纳入保障范围,稳定、持久、有效地解决农村贫困人口温饱问题。

- 2008 年,国家把《贫困村灾后恢复重建专项规划》纳入《汶川地震灾后恢复重建总体规划》,首次为受灾贫困人群单独制定灾后重建特别支持政策。

- 2009 年,启动"农村最低生活保障制度与扶贫开发制度有效衔接"试点,提高对扶贫对象、低保对象、扶贫和低保交叉对象的识别,以此推动扶贫瞄准性。

- 2011 年,中国扶贫标准提高至农村年人均纯收入 2300 元,扶贫对象覆盖1.22 亿。

- 2011 年,国家颁布并实施《中国农村扶贫开发纲要(2011—2020 年)》。将中央已经实施特殊支持政策的西藏、青海等四省藏区、南疆三地州和中西部六盘山等 11 个跨行政片区确定为未来 10 年扶贫开发工作的重点地域。

一、中国反贫困历程

2009 年底,中国实现绝对贫困人口减半目标,并达到联合国千年发展目标[①]中的大多数。国际社会高度评价中国减贫成就。世界银行统计数字更表明,正是由于中国贫困人口迅速减少,才扭转了世界贫困人口上升趋势(世界银行,2009;2012)。

贫困曾长期伴随中国,并由于城乡社会二元结构,贫困问题在城市和农村表现

---

① 2000 年,在联合国各成员国共同制定的千年发展目标(MDGs)中,消灭贫穷和饥饿是其中最为重要的也是首要目标。它要求到 2015 年底之前,全世界贫困人口减少一半。

各不相同。城市贫困问题具有以下鲜明特点：改革开放后贫困问题逐渐凸显，政策发展与支持力度相对滞后。20 世纪 70 年代经济体制改革之前，城市居民依赖"低工资、高就业、高福利"的政策保障了稳定就业和基本生活，很长时期内城市贫困问题并不突出，因而也没有建立起城市贫困保障体系。市场化改革后出现了大量下岗职工和进城务工农民群体，这两个群体中的大多数成员收入微薄，生活环境恶劣，共同构成了城市社会的底层。2011 年研究显示，中国城市贫困人口数约为5000 万，贫困发生率在 7.5%～8% 之间（中国城市发展报告编委会，2012）。20 世纪 90 年代启动的一系列城市扶助政策仅针对城镇户口居民，并不覆盖数量庞大的进城务工农民群体。城市贫困人口数量和分布特点等基本状况准确度欠佳，令成体系的保障性政策支持力度明显滞后。随着中国不断推进城市化进程，可以预见城市贫困带来的挑战将愈发严峻。

农村贫困一直是中国减贫努力的主要目标，也是本章分析的主要内容。中国农村反贫困历程具有明显的阶段性特征。20 世纪 90 年代初之前，中国长期实施输入式扶贫方式，即向贫困地区提供外来物质输入。当政府意识到这种方式造成贫困地区内生脱贫动力不足的问题后，开始转为推行开发式扶贫战略，即在开发建设中，以项目发展带动贫困人口脱贫致富。

1994 年至 2000 年期间，中国农村扶贫工作初步形成了包含纲领、行动、政策、方法和国际合作等内容的反贫困体系。此阶段核心为"国家八七扶贫攻坚计划"，该计划提出，在 7 年间（1994—2000 年）基本解决当时 8000 万农村贫困人口的温饱问题（国务院，1994）。本阶段主要扶贫方法是通过聚焦区域（贫困县）来瞄准贫困人口，对国定贫困县提供扶贫资金和优惠政策。延续至今的中国减贫主要方法——项目式扶贫[①]也产生于这个时期。此阶段也开启了中国在扶贫领域的国际合作。1995—2006 年，中国政府与世界银行连续合作，实施西南、秦巴和西部三期世行贷款综合扶贫项目。以此为发端，多个国际机构与中国政府和非政府组织合作实施多项综合扶贫开发项目、信贷项目、技术援助项目、合作研究项目等。与国际社会多方合作为早期中国扶贫工作补充了资金，引进了方法。受益于 90 年代中后期中国经济增长加速和专项扶贫推进，此阶段贫困人口下降速度明显加快，贫困发生率由 1993 年的 8.8% 下降到 2000 年的 3.4%（张磊，2007）。

进入 21 世纪，政府调整了"三农"（农业、农村、农民）发展政策，出台了一系列

---

①　所谓项目式扶贫，就是资金跟着项目走。扶贫工作主要通过项目的申报和审批为主要实施方式。

强农惠农富农政策,这些政策为农业平稳、可持续发展奠定了基础,基本解决了农民温饱问题和日常需求,加速了农村减贫进程。这一时期中国农村贫困人口呈现分散化趋势,中国政府相应调整了农村扶贫方式和策略,制定《中国农村扶贫开发纲要(2001—2010年)》(新华网,2005),提出了至2010年的国家减贫目标,将区域瞄准范围由贫困县转至贫困村,实施整村推进、产业开发和劳动力转移培训等三项重点行动,希望实现让最贫困人口直接受益。这一阶段,中国贫困人口由2002年的5825万下降至2010年的2688万(国家统计局农村社会经济调查司,2010)。同期,扶贫领域国际合作也进入以综合性扶贫为主要特点的全面合作阶段。截至2010年,中国政府先后与世界银行、联合国开发计划署、亚洲开发银行等国际组织和英国、德国、日本等国家以及国外民间组织开展减贫项目合作,共实施110个外资扶贫项目,利用各类外资14亿美元,覆盖了中国中西部地区的20个省(区、市)300多个县,使近2000万贫困人口受益(国务院新闻办,2011)。

2011年,中国政府颁布"中国农村扶贫开发纲要(2011—2020年)"。通过此纲要及"十二五规划"确定了至2020年减贫目标,即让扶贫对象不愁吃、不愁穿,保证其义务教育、基本医疗和住房。同年将扶贫标准调整为2300元/年,政府认定的贫困人口数量因此增加至1.2亿。由于目前中国扶贫对象主要集中在以武陵山区、六盘山区、秦巴山区等为代表的11个集中连片特殊困难地区和3个已经实施特殊政策的地区,国家将这些连片特困地区作为本阶段10年扶贫开发主战场。

纵览中国减贫20年历程,减贫成效显著,减贫政策不断完善。与此同时,还应看到各级政府多将减贫生计发展的希望寄托于引入企业等产业化发展途径,相对忽视社会保障方面投入;忽视了对中国现存以小农为主体的贫困群体的针对性支持,以至众多村庄难以形成完备的基层保障制度;扶贫资金投入效益也并不乐观。学者比较扶贫资金投入与贫困人口减少之间关系后指出,20多年间,国家扶贫资金投入的效益呈下降趋势(龚晓宽,陈云,2007)。中国减贫领域还面临着反贫困维度过于侧重经济指标、贫困群体从"参与发展"到"内源发展"转型艰难、非政府组织参与减贫事业的空间有限等严峻挑战,需要政府部门、非政府机构和社会各界通过基层社区试点、机制创新和政策设计等多种方式,共同推动减贫事业迈向更具瞄准力、更富成效性和更具拥有感的方向。

二、中国反贫困工作的挑战

在此基于民间社会视角,针对贫困群体生计状况、发展权利以及全球减贫合作,提出以下改进空间。

(1) 政策层面:重点专项扶贫政策解决了基础设施和生存发展等基本需求,但针对性和差异性亟待提高

"整村推进"极具政策代表性。该政策启动时间早,2001 年,中国政府颁布《中国农村扶贫和开发纲要(2001—2010 年)》后,开始将扶贫目标和资源配置由县级转向村级,"整村推进"政策应运而生。这项政策覆盖贫困群体面广,截至 2010 年底,已在 12.6 万个贫困村实施整村推进,其中,国家扶贫开发工作重点县中的革命老区、人口较少民族聚居区和边境一线地区贫困村的整村推进已基本完成。这项政策推动综合减贫指向也很明确。各地均利用较大规模资金和各类资源,在较短时间内使被扶持贫困村在基础设施和社会服务设施、生产和生活条件以及产业发展等多方面有较大改善,并使各类项目之间能彼此配合以发挥更大综合效益,从而推动贫困群体在整体上摆脱贫困,同时提高贫困社区和贫困人口的综合生产能力和抵御风险的能力。

政府和社会各界普遍评价"整村推进"对贫困地区经济发展产生了积极影响,尤其对改善贫困村基础设施状况起到了极大作用。一项 2010 年的评估报告显示:实施整村推进的贫困村农户收入增长比没有实施该政策的村高 8%～9%(李实,等,2010)。

在有效改进贫困村基础设施状况、满足贫困村民基本生存需求的同时,整村推进在政策设计针对性、贫困群体参与度、实施效果评估等方面需要进一步提高。14.8 万个贫困村分布于中国广袤多样的生态与社会环境中,无论是西南喀斯特地形区、西北干旱区还是青藏高原地区,纷繁多样的自然环境孕育出各具特色的生计类型,这就要求村庄发展规划也应该量身定做。中国贫困地区中有大量少数民族居住区,但他们的文化与社会特质在整村推进执行中带来的对接和整合问题,一直未能有效纳入政府设计与执行项目的考虑视角。作为一项到村到户的微观社区发展规划,各地自然与社会文化的多样性恰恰应该是"整村推进"着意考量的内容。总体而言,"整村推进"政策实施体现出过于侧重全国一致性而欠缺关注地方特色的特点。大多数整村推进村庄都进行了"村民参与式规划",但村民们更多是按照政府部门要求,在政府提供的框架中选择发展项目,缺乏真正基于当地社区需求的项目规划。实施十余年,缺乏基于社区行动、不同群体影响、政策设计等多方视角的综合评估,这也增加了继续发挥此项政策减贫效力的不确定性。

(2) 方法层面：社区参与已成为扶贫工作重要方法，但贫困农民自下而上参与和影响空间有限

政策、制度和项目可视为反贫困的外部助力，村内农民及村民组织的参与则为反贫困的内在动力。消除贫困迫切需要农民切实参与到反贫困过程中，并不断提高自身反贫困能力。中国扶贫部门与国际社会接触较早、合作较多，注重受益群体内生动力的"参与式"发展理念与操作方法在扶贫部门中较早获得接纳和推广。

20 世纪 90 年代，参与式发展被引入中国扶贫领域。2001 年起经由"整村推进"实施平台，参与式村级规划被普遍应用。参与式扶贫注重各利益相关者共同参与，特别鼓励受益群体参与项目活动全过程，提高他们的自我发展能力。2005—2010年间，位于中国西南部的四川省凉山彝族自治州辖内凡 30 户以上自然村全部运用参与式进行村级扶贫规划，共完成村级规划 1.5 万个。

在参与整村推进项目实施的多个政府部门中，唯有扶贫系统采取了社区参与式方法。2006 年，扶贫部门开始在全国开展贫困村村民生产发展互助资金试点，由国家财政、地方财政和农户按照不同比例共同投入，由村民管理小组管理。全体村民参与最充分的环节是共同讨论确定项目内容。在考察了村民对于整村推进规划编制过程、资金、实施和信息公开等多项指标后，研究者认为实施整村推进提高了村民对于自己村庄事务的参与度，也增加了对政府扶贫工作的了解（张琦，王建民，2013）。

长期活跃于中国社区减贫行动的非政府机构（NGO）也在反思社区参与效果。参与式发展方法引入中国后，在农村发展项目中取得了显著效果，但其应用陷入本土化困境（李健强，2009）。扎根贵州贫困农村的贵州和仁乡村发展研究中心主任吉家钦指出，20 多年来，政府扶贫系统已经形成了社区参与的工作视角。但是这种参与式方法仅限于项目实施时，有时只是为了满足资金支持方要求。在项目之外，政府工作还是以体制内方式为主导。

参与式发展的核心在于对弱势群体赋权、平等参与和提高发展干预效率这三个目标，中国的扶贫发展项目在实际执行中往往偏离了这些核心目标（叶敬忠，陆继霞，2002；明亮，2009）。不少政府官员习惯于行政命令推行发展项目，"参与"的定义被狭窄化，甚至仅被当作"出席"的代名词；赋权也被肤浅化，村庄参与往往沦为"为参与而参与"。即便在非政府机构推动的社区发展项目中，由于机构宗旨、筹款需要等原因，也不时出现引导社区村民按照机构提供的项目方向确定具体内容的"表面参与"现象。

（3）重点脆弱群体支持层面：对妇女、青少年、少数民族和残障人群等弱势群体支持的重视度不断提高，但针对性政策发展滞后

提高减贫瞄准性的基础在于明确贫困群体类型及各自特点，它超越了简单的宏观结构分析，重新聚焦于造成特定人群贫困处境的制度性因素。联合国可持续发展 21 世纪议程中，对于妇女、原住民及其社区（中国使用"少数民族"这一概念）、儿童和青年这三大类群体设立了参与可持续发展的方案和行动。中国政府在"大扶贫"格局中，也识别出妇女、少数民族、青少年和残障人为特殊贫困群体。2001年《中国的农村扶贫开发》白皮书首次明确指出："少数民族、残障人和妇女，是中国农村贫困人口中的特殊贫困群体"。2011 年《中国农村扶贫开发纲要（2011—2020 年）》规定，"将少数民族、妇女儿童和残疾人的扶贫开发纳入规划，加大支持力度"。一方面，政府越来越明确这些特殊贫困群体摆脱贫困陷阱的重要性；另一方面，针对各类特殊贫困群体的具体减贫政策和措施建构进展有限。在中国语境下，"特殊贫困群体减贫"属于"大扶贫"减贫格局的组成部分，机制上面临着如何在教育部、妇儿工委、残联等主管部门已有普惠性政策中凸显针对贫困群体支持的特惠政策等挑战。

在特殊类型贫困群体减贫针对性上，国内诸多非政府机构多年来进行了大量实践探索和总结反思。总结源自基层社区实践的干预方法，促进这些已经过现实检验的经验转化为决策参考，应该是中国特殊类型群体减贫政策制定的重要渠道。非政府机构也应该在延续扎实社区实践干预传统的同时，增强社区工作对于政策参考的敏感度，更加积极、主动推动自身行动经验和反思，为政府制定或调整政策提供参考和借鉴，以促进微观项目经验在宏观层面惠及更多贫困群体。

（4）纳入全球减贫框架层面：通过国际合作引入资金、理念和方法，应加强中国减贫经验的国际交流

在中国政府各部门中，扶贫系统与国际社会对接较早，往来也颇为密切。早在1981 年，联合国系统的国际农发基金首先启动在华援助国际项目（国务院扶贫办外资项目管理中心，2005）。各类国际组织参与中国扶贫开发客观上增加了资金投入总量。至 2010 年，中国扶贫领域通过与各类国际组织合作，共利用外资 14 亿美元，加上国内配套资金，直接投资总额近 200 亿元人民币。与资金引入相比，社会各界对于经由国际组织引入的发展理念和减贫机制持更积极评价。外资扶贫将国际上一些先进的减贫理念和方法，例如，参与式扶贫、小额信贷、项目评估和管理、贫困监测评价等，逐步引入并应用于国内扶贫实践中，在中国创新扶贫机制、提高

扶贫工作水平、开发扶贫队伍人力资源等方面都产生了积极影响(黄承伟,蔡葵,2004)。自下而上的参与式途径一直是国际非政府组织在中国扶贫开发中倡导的工作方式,积极促进了农户参与扶贫开发项目的决策和监督,体现出公正、公平和公开的民主机制。在中国政策框架下,绝大多数国际组织必须通过与各级政府部门合作来实施项目,因此通过双方合作,国际上通用的方法和理念逐渐为政府各级扶贫工作人员所了解、理解并采用。

卓著的减贫成果令国际社会、特别是发展中国家对中国减贫经验兴趣日益浓厚。中国保持了 30 年的经济快速增长,是中国扶贫成就取得的基本保障。对中国减贫产生巨大影响的政策包括:改革开放初期的农村家庭承包经营责任制、1993—1995 年提高粮食收购价格、取消农业税和费、发展式扶贫项目,以及进入 21世纪后对于社会救助的扩大等。整理、研究中国反贫困经验,促进与其他发展中国家分享中国经验,已经成为世界银行、联合国开发计划署、乐施会等国际机构反贫困战略组成内容。

三、未来反贫困工作改进空间

2011 年底,中国政府实行新的扶贫标准线,即农民人均年纯收入 2300 元,据此,全国农村扶贫对象人数达 1.22 亿,占全国总人数(不包括港澳台地区)的 1/10。扶贫标准依然低于国际常用贫困线、扶贫资金管理机制需改进、贫困监测需细化、减贫效果评估不足等诸因素已为政府扶贫部门和学者们所普遍关注。除此之外,以下三个方面也是 2011—2020 年 10 年减贫阶段中不容忽视的挑战。

(1)反贫困维度过于侧重经济指标,减贫政策的社会和文化要素考量不足

中国划定的 14 个跨省境集中连片特殊困难地区,作为 2011—2020 年 10 年扶贫投入重点区域,这些特殊困难片区大多位于中西部少数民族地区。如果不积极提高减贫政策中的社会文化关照,加强减贫方法中的文化敏感性和适应性,新十年扶贫开发很可能落入"期待高,成果弱"的窠臼。

中国少数民族人数占总人口比例约为 8.49%,但在贫困总人口中一半以上是少数民族(2010 年)。世界银行曾对中国贫困状况有一个基本判断:中国的贫困情况主要集中在西部省份、山区和少数民族地区(世界银行,2009),国内也有学者认为"中国减贫问题实际上是少数民族减贫问题"。国家聚焦于民族地区减贫始于21 世纪初,第一个十年扶贫开发纲要明确将中西部少数民族地区作为国家扶贫开发重点,安排专项少数民族发展资金 67.39 亿元;扶贫部门与国家民委合作编制了

《扶持人口较少民族发展规划(2005—2010年)》《兴边富民行动"十一五"规划》，完成了全部少数民族整村推进工作。此外，扶贫部门还通过劳动力转移培训、安居工程、信贷贴息等各项扶贫模式加强向少数民族贫困地区倾斜。针对民族地区贫困成因多样化特点，政府先后开展了不同类型试点，试图寻找解决问题的有效途径。如西南喀斯特地区水土流失与综合治理减贫、贵州晴隆草地畜牧业试点、四川阿坝州地方病防治与减贫、新疆阿合奇边境扶贫工作试点等。根据有关部门统计，在政府主导减贫中，2001—2010年，民族八省区低收入人口规模从3076.8万人减少到1034万人，少数民族重点贫困县农村人均纯收入由2002年的1219元增长到2010年的3131.3元(王小林,2012)。消除民族地区绝对贫困现象取得了良好成果，但如何与少数民族社会文化特点相结合，如何更有效激发少数民族社区内部减贫动力等问题，一直影响着政府在这类地区减贫成效的稳定性和可持续性。近年来，联合国系统推动政府部门、非政府组织和学术界联合探索在文化多样性丰富地区开展发展项目的主要原则。

案例1　减贫中的文化因素——中国文化和发展伙伴关系项目

2008年，联合国八家机构同国家民委联合近100家政府和非政府组织实施了一个为期三年的少数民族文化与发展联合项目——"中国文化和发展伙伴关系(CDPF)"，在中国西南少数民族聚居的四个省市自治区，即云南、贵州、青海和西藏开展试点工作。项目成果之一为提出了"基于文化的发展观念"，从理念层面辨识现有政策的不足，从实践层面提出在文化多样性丰富的贫困地区实施发展项目的主要原则。这些努力也从另一个侧面反映出将社会文化因素纳入中国后发展地区政策考量的迫切性和必要性。

中国的少数民族减贫，不仅面临贫困面大、贫困发生率高等数字指标挑战，更是为久已浸染的进化论思潮所限，缺乏一种整体性理解少数民族地方性知识体系的发展观。往往将少数民族文化要素工具化、符号化、卖点化，将文化多元定位为服务于市场的手段，而非少数民族自身安身立命之本，于是为了一个经济发展目标而将少数民族的文化差异性和多样性随意操作、删减，为数甚众的少数民族群体不断处于久扶不脱贫、脱贫又返贫的循环困扰中。在强调包容性发展、彰显激发贫困群体内生动力的新减贫阶段，这种基于现代化工具理性思维出发、缺乏社会文化因素考量的反贫困理念应被认真严肃地反思。少数民族减贫尤其要警惕唯经济指标的路径。如果减贫成果的递增与文化多样性丰富度成反比，那不仅是少数民族减贫的悲哀，也是人类社会发展方向的遗憾。

(2) 加强贫困群体发展主体性,实现从参与式到内源式的转变

过往减贫实践中,不少贫困村民觉得"政府让去参加开会,就去了嘛",这种被动参与难以有效发挥村民组织和村民的减贫主体性。无论是村级政治组织(村两委、村民代表大会)、经济组织(合作社、农协等)还是文化组织,在现有参与式规划过程中的作用有限,主要忙于配合基层政府和扶贫部门收集和反映信息、执行基层政府决定、组织村民实施项目等,鲜少被赋予资源和权力。难以实现贫困群体发展主体性的另一障碍在于:作为"被扶助对象"的贫困户的诉求,往往被符号化为众口一致的"脱贫致富",他们真实的声音经常被弱化甚至忽略,他们的具体问题也常常没有收到关注和回应,他们的现实诉求又往往被批评为"短见"、"自私"、"小农思想"……因此需要被"改造、教育、转变"。这种现实存在的对贫困群体的"污名化",其实是缘于外来扶贫力量缺乏农民和村组的视角,缺乏由内而外、自下而上地去考虑如何克服贫困,追求从"赋权当地"到"内生发展"的路径调整。没有贫困农民和村组的真正参与,扶贫工作始终会存在"主体缺位或虚位"问题,也就缺乏创新和建设的内生原动力。

案例 2　一个彝族村寨的外部支持与内源发展

云南丽江拉市乡波多罗村,是个隐藏于群山环抱中的小小彝族村寨。近10年来,通过香港乐施会与"绿色流域"(云南本土非政府机构)持续支持的"减贫发展与生态保护综合项目"平台,来自当地政府、数家基金会等提供的村庄发展外部资源,经由"流域管理小组"等公选出的村庄治理平台,在村民们共同参与的努力下,这些外部支持转变为促进彝家山寨内源发展的动力。现在,波多罗村不仅实现了从依赖伐木为生到拥有多元化生计来源;社区生态文明建设也取得了可喜成果,在经济发展的同时山地生态依然令人心驰神往。此外,这个风灾、雹灾频发村庄的防灾减灾探索也成为国家民政部社区示范点;面临外来老板买断搬迁的经济诱惑时,全体村民讨论决定抵制出卖家园,通过自己的"生态旅游合作社"追寻幸福道路。

---

(3) 非政府组织参与扶贫工作的制度环境有限,社区实践经验转化为国家政策的渠道狭窄

非政府组织扶贫部门将非政府组织参与扶贫划归为"社会扶贫",具体是指社会各界参与扶贫开发,从不同角度扩大扶贫资源,提高扶贫效果[①]。作为"三位一

---

① 社会扶贫主要内容包括:定点扶贫(各级党政机关为主体与某具体贫困点的对接)、东西协作扶贫(东部经济发达省市与西部经济后发展省市直接的对接)、发挥军队和武警部队作用、动员企业和社会各界参与。

体"大扶贫格局的组成之一,政府界定的社会扶贫依然是以资金、资源整合为主要导向,对于非政府组织在社区实践中探索、积累的大量经验和教训甚少为决策者所参考,非政府组织在社区的动员还时常面临政府部门严格监管。

非政府组织发展面临较多制度环境。2012 年政府放开社会组织登记后,这些组织的民办非企业身份依然很难获得,相应影响到资金、公信力建设等问题;服务于农民、工人、外来工等特定群体的非政府组织影响力增大时,被干涉的可能性就增高;非政府机构在获得政策优惠和政府支持方面也处于不对等位置。

非政府组织通常具有两个社会功能:一是直接提供公共服务,二是进行公共政策倡导,改善政府公共决策。总体而言,中国非政府组织、特别是自下而上成立的此类机构社会影响力有限(王名,2008)。中国大陆非政府机构在公共服务方面,以扶贫济困的服务补充为主,在教育、医疗等主导公共服务领域体现较少;在公共政策倡导方面作为较少,能力较弱。

四、政策建议

(1) 建立并不断完善多元维度识别及监测贫困的工作体系

收入或者消费贫困仅为贫困的一个方面。在中国国家减贫战略与政策中,应重视收入或消费贫困之外的贫困维度。本阶段 10 年减贫期中,应在原有试点基础上,继续探索将教育、健康、饮用水等其他非收入维度的贫困都纳入贫困监测指标体系中。

(2) 提高少数民族和残障人等特殊贫困群体支持政策的针对性

除了目前实行的针对不同贫困群体的项目式扶贫途径之外,应加强试点研究,探索在教育政策、卫生政策等部门普惠性政策中增强特殊贫困群体支持针对性的方法;提高贫困群体的政策可及性,并间接提高减贫效益和可持续效果。

(3) 注重并不断提高贫困群体自我减贫能力

政府主导的资金资源投入式扶贫对于消除绝对贫困行之有效。在当前已经基本消除绝对贫困现象、相对贫困更为凸显的中国农村,培养村民的自我发展、自我管理能力,让贫困群体有能力自己负起责任,将会成为本阶段减贫成效的重要保障。应考虑将贫困村减贫与农村基层社区治理相结合,为贫困人群自己管理自己、自己负责村庄减贫提供政策和机制平台。

(4) 通过机制创新、资金分配等途径更充分发挥非政府组织作用

非政府组织在中国扶贫领域和社会发展中的的作用和价值长期被低估。在全面建成小康社会进程中,通过机制创新更充分发挥非政府机构在减贫、社会管理、社会建设等方面的作用,具有越来越大的潜力与空间。中国政府正在

逐步实施政府购买服务等政策,相应的机制创新将为非政府机构提供更为广阔的工作空间。

(5)加强社区减贫经验对于国家政策调整的参考和转化

非政府机构常年致力于社区减贫行动,对于政策失灵和方法调整有更切身的体会。政府应加强分享与交流他们在村庄实践中得到的经验和教训,借鉴于国家扶贫与发展政策制定和调整中。另一方面,众多非政府机构在继续发挥自己根植村庄贴近现实的优势以外,亦应重视提高专业能力和政策倡导能力,推动草根社区经验总结对于国家政策调整的借鉴价值。

五、小结

本章简要回顾中国 20 余年减贫历程。中国取得为国际社会公认的减贫成果,除经济持续高速增长为大规模减贫提供了基础和环境外,与国家扶贫政策不断系统化、扶贫目标不断精准化、政府主导社会各界支持、国际组织密切合作等因素非常相关。本章选择以整村推进为代表的政策层面、以社区参与式方法为代表的方法层面、以密切的国际合作为部门工作特色的工作机制层面,以及聚焦少数民族等弱势群体减贫针对性等,展示中国减贫成果并反思其不足。本章尤其关注 2011—2020 年中国减贫工作在多维贫困识别、贫困群体发展主体性、民间组织参与减贫事业及社区实践对政策调整参考性等三个方面的拓展空间,在此基础上提出了面向 2020 年减贫工作的政策建议。

刘源　文化人类学博士。美国夏威夷大学东西方中心"亚太领导力项目"访问学者,"IBE 影像生物多样性保护"首席人类学研究员,现为香港乐施会中国项目部农业与扶贫政策研究经理。2006 年至今致力于农村减贫与发展研究,侧重于农业与减贫政策研究与倡导,尤为关注少数民族、儿童、妇女等弱势群体在农村发展进程中的福祉与能力提高。

参考文献

1. 范小建主编. 2012. 中国农村扶贫开发纲要(2011—2020)[2013-09]干部辅导读本. 北京:中国财政经济出版社.

2. 国家统计局. 2011 年我国农民工调查监测报告. (2012-06)[2013-09] http://www.stats.gov.cn/tjfx/fxbg/t20120427_40280.

3. 国家统计局农村社会经济调查司. 中国农村贫困监测报告 2010. 北京:中国经济出版社.

4. 国务院扶贫办外资项目管理中心. 2005. 中国外资扶贫回顾与展望. 北京:[出版者不

祥].

　　5. 国务院扶贫办网站. 中国农村扶贫开发纲要. (2012-02) http://www.cpad.gov.cn/
publicfiles/business/htmlfiles/FPB/zlcx/201202/174841.html.

　　6. 国务院新闻办. 2011A 中国农村扶贫开发的新进展(白皮书). 北京:[出版者不详].

　　7. 国务院新闻办. 2011B 中国农村扶贫开发纲要(2011—2020 年). 北京:[出版者不详].

　　8. 龚晓宽. 陈云. 2007. 中国扶贫资金投入效益的计量分析(1986—2004 年). 理论与当代,
2267(3):26-31.

　　9. 郝苏民等. 2010. 整村推进政策对少数民族发展的效应影响——甘肃保安族案例研
究.//全国贫困地区干部培训中心.扶贫案例研究报道选辑(2011).北京:中国农业出版社.

　　10. 胡鞍钢, 胡琳琳, 常志霄. 2006. 中国经济增长与减少贫困(1978—2004). 清华大学学
报(哲学社会科学版),21(5):105-115.

　　11. 黄承伟. 蔡葵. 2004. 贫困村基层组织参与扶贫开发——国际非政府组织的经验及其
启示.贵州农业科学,32(4):74-76.

　　12. 乐施会. 2009 年多哈回合谈判重启:中国棉业依然步履维艰. 北京:[出版者不详].

　　13. 李健强. 2009.深化和拓展:参与式发展的本土化探索——甘肃雨田农村发展论坛会的
评述.社会工作下半月(理论),(5):24-26.

　　14. 李实等.2010.中国农村扶贫开发纲要(2011—2010)实施效果评估报者(讨论稿).北京:
[出版者不详].

　　15. 刘源,覃志敏,陈宏利. 2012. 唐坪村:本土文化恢复推动社区重建.武汉:华中师范大
学出版社.

　　16. 明亮. 2004. 参与式发展的中国困境.乐山师范学院学报,24(9):95-99.

　　17. 世界银行. 2009. 从贫困地区到贫困人群:中国扶贫议程的演进.北京,[出版者不详].

　　18. 王名. 2008. 中国民间组织 30 年——走向公民社会(1978—2008). 北京:社会科学文
献出版社.

　　19. 王小林.2012.贫困测量:理论与方法.北京:社会科学文献出版社.

　　20. 王晓毅,等.2009.中国农村贫困调查(理论卷).北京:社会科学文献出版社.

　　21. 新华网. 国务院关于印发《国家八七扶贫攻坚计划》的通知. (1994-4-15)[2012-04]
http://news.xinhuanet.com/ziliao/2005-03/17/content_2708857.htm.

　　22. 新华网. 近年中国扶贫资金投入将达 270 亿元. (2011-11-28)[2012-03]
http://www.qh.xinhuanet.com/2011-11/28/content_24222337.htm.

　　23. 新华网. 中国农村扶贫和开发纲要(2001—2010) (2012-04)[2013-9] http://news.xin-
huanet.com/zhengfu/2005-07/19/content_3239424.htm.

　　24. 叶敬忠,陆继霞. 2002. 论农村发展中的公众参与. 中国农村观察,(2):52-61.

　　25. 张磊主编. 2007. 中国扶贫开发政策演变(1949—2005 年). 北京:中国财政经济出版社.

　　26. 张磊. 2007. 中国扶贫开发历程(1949—2005). 北京:中国财政经济出版社.

　　27. 张琦,王建民等. 2013. 整村推进政策对少数民族贫困村实施效应影响及政策建议. 北
京:民族出版社.

　　28. 张全红. 2010. 中国农村扶贫资金投入与贫困减少的经验分析. 经济评论,(2).

29. 章元,丁绎镤. 2008. 一个"农业大国"的反贫困之战——中国农村扶贫政策分析. 南方经济,(3):3-17.

30. 中国城市发展报告编委会. 2012. 中国城市发展报告(2011). 北京:中国城市出版社.

31. 朱晓阳. 2011. 边缘与贫困——贫困群体研究反思. 北京:社会科学文献出版社.

32. Fan, Shengen, Linxiu Zhang, Xiaobo Zhang. 2000. "Growth and Poverty in Rural China: the Role of Public Investments", EPTD Discussion Paper 66.

第十六章 环境领域公众参与的三条主线

摘要

　　公众参与是中国推进可持续发展的一个基本社会机制保障。环境信息公开、决策参与和权益救济是公众参与的基本原则和内容。本章回顾了 20 世纪 90 年代以来公众参与在中国环境运动中的发展,公众参与的发展体现在三个方面:环保民间组织的涌现和行动;执政管理者的改革;普通民众在新媒体支持下的自发环境行动。民间组织经历了从人文知识分子的觉醒到更多社会群体自发结合的阶段,政府部门在立法和政策上有了明显的变化,但在实施和执行上仍存在着局限。这两条主线在公众参与上的推进有时会出现因素"错配"的尴尬。而 21 世纪第一个 10 年后半段依托新媒体平台兴起的公民自发环境行动,则打开了公众参与的新篇章。在分析以上公众参与特点的基础上,本章提出改进公众参与的政策建议:取消"社会团体"和"民办非企业单位"区别管理的制度,建立统一的"社会组织"管理制度;加强信息公开立法,进一步扩大环境信息公开范围;加快环境公益诉讼的制度建设,完善配套支持,建立环境公益诉讼基金;改善环境司法"不立案"的不良局面,应允许环境领域的纠纷进入制度化的合法救济渠道。

大事记

- 1994 年 1 月 18 日,青海省治多县委保护藏羚羊的西部工作委员会的杰桑·索南达杰因公殉职。1995 年 5 月,扎巴多杰重新组建西部工作委员会,并自发成立了一支保护藏羚羊武装反盗猎队伍,命名为"野牦牛队"。

- 1994 年 3 月 31 日,全国性的会员制环保组织自然之友(中国文化书院绿色文化分院)正式成立,创始人为梁从诫、杨东平、梁晓燕、王力雄。

- 1995 年,奚志农向媒体曝光云南省德钦县拟砍伐原始森林对滇金丝猴生存造成威胁的事件,多家媒体和自然之友积极传播与参与反砍伐行动,最终终止了德钦县商业砍伐计划。

- 2003 年,绿家园等环保组织,针对怒江上游将要进行水电开发一事,开展了积极的信息传播和公众发动工作,促成决策层重视。2004 年,国务院总理温家宝批示,暂缓怒江开发。

- 2004 年 4 月,国务院制定并公布《全面推进依法行政实施纲要》,强调建设法治政府,提出"推进政府信息公开","建立健全公众参与、专家论证和政府决定相结合的行政决策机制"。

- 2005 年 3 月,媒体披露圆明园管理处排干湖底,大规模铺设防渗膜,没有经过环境影响评价,受到社会强烈质疑。环保总局就此事举办了第一场环评公众听证会,最终要求项目进行整改。

- 2008 年 5 月 1 日,于 2007 年 4 月份公布的《中华人民共和国政府信息公开条例》和《环境信息公开办法(试行)》开始正式生效实施。《政府信息公开条例》确立了政府信息"公开为常态,保密为例外"的原则。

- 2009 年 8 月,中国最大的门户网站新浪网推出"新浪微博",揭开了公众通过微博等网络自媒体形式参与公共事务的时代。2011 年 12 月底,中国微博用户达到 2.5 亿。

- 2012 年 3 月,国务院同意发布新修订的《环境空气质量标准》,增加了 PM 2.5 的监测指标,并分阶段开始实施。在公众的呼吁下,PM 2.5 监测公布在局部地区的实施相较修改前的时间表提前了 4 年。

一、综述

"公众参与原则"[①],指的就是(公众)应当有渠道获得环境信息、参与环境决策,

---

① 1992 年通过的《关于环境与发展的里约热内卢宣言》第十项原则阐明:"环境问题最好是在全体有关市民的参与下,在有关级别上加以处理。在国家一级,每个人应有适当的途径获得有关公共机构掌握的环境问题的信息,其中包括关于他们的社区内有害物质和活动的信息,而且每个人应有机会参加决策过程。各国应广泛地提供信息,从而促进和鼓励公众的了解和参与。应提供采用司法和行政程序的有效途径,其中包括赔偿和补救措施。"(UNEP,2012)

自身权益的损害能得到司法或行政救济(UNDP,et al. 2005)。该原则的实现对于执政管理者理念、公民意识和社会条件都有相应的要求。中国可持续发展领域这20年来的公众参与、政府的执政理念,基本上是通过政策法律制定和修改所体现,而公众的意识提升和社会条件的变化,都集中体现在这20年来重大环境公众参与事件中。这些公众参与事件显现出三条路径:民间组织的崛起和发展下的公众参与;执政者主导下的公众参与创新;公众个体在非组织状态下的集中行动和公共参与。

(1) 理想主义者的觉醒——第一批民间环保组织的涌现

可持续发展领域的公众参与需要形成合力,需要组织平台。1992年前,中国本土唯一一个民间自发的地方性环保组织是辽宁省黑嘴鸥保护协会。1994年,梁从诚、杨东平、梁晓燕和王力雄作为发起人,在北京成立了自然之友(自然之友,2012)。早期的自然之友汇聚了一大批有社会理想的人文社科背景的知识分子,如教师、作家和记者等,他们希望能够通过环保组织的平台来推动环境保护。自然之友作为一个全国性自发成立的民间组织出现,在当时产生了重要的影响。

这一时期,全国范围内发生了两次重要的环境事件,将公众力量的影响展现了出来。第一次是藏羚羊保护,第二次是滇金丝猴保护。两个案例行动的发起者实际上都是有一定社会理想的政府工作人员——无论是从事藏羚羊保护的索南达杰、扎巴多杰,还是从事滇金丝猴保护的奚志农;但在事件后期的推动和发酵中,群众的支持变成了主要的推动力量,促使问题得到重视。在可可西里的环保英雄索南达杰去世之后,扎巴多杰成立的反盗猎团队"野牦牛巡护队"就是一个自主筹集经费和人员的组织,杨欣在可可西里兴建的扎巴多杰保护站,也是依托于绿色江河这个民间环保组织的(杨欣,2005)。滇金丝猴保护事件中,奚志农则是通过自然之友的梁从诚会长,联系媒体力量,通过舆论监督改变了事件的进程。

这两次成功动员公众参与的行动,奠定了环保组织日后在重大环境议题上行动发声的基础。这些早期环保人士的理想主义精神举起了中国公众参与环境保护的第一面旗帜,并陆续影响了许多人。这个时期的环保行动,还具有鲜明的个人英雄主义色彩,环保组织作为一个机构平台,还并未展现出影响优势和组织特点。

(2) 环境行政法治化: 公众参与理念的引入和实践的局限

这一条路径沿着"依法治国"进入宪法并成为基本国策,到2004年依法行政实施纲要出台以及十七大总书记报告,将信息公开和公众参与正式确认为执政理念的重要组成。在此引导下,出台了环评公众参与的相关规定和《环境信息公开办法》,同时在数个地方带来了环保法庭的创新实践。

2003年,中国在北京、广州等地遭遇了"非典"危机,危机后的反思中,对信息公开的要求浮出水面(迟福林,2003)。2002 年,中国出台了新的《环境影响评价法》。该法第一次明确将听取公众意见这一参与环节加入环境影响评价程序中。

2003 年 8 月 26 日,国家发改委在北京主持召开《怒江中下游水电规划报告》审查会,会上环保总局的一位官员以该项目未经环境影响评估,不符合《环境影响评估法》为由,坚决拒绝在报告上签字(胥晓莺,2005)。2003 年 9 月 3 日、10 月 20—21 日,国家环保总局分别在北京和昆明召开两次专家座谈会,以云南本地专家为主的支持派和以北京专家为主的反对派进行了针锋相对的较量。双方僵持不下,但民间环保组织的呼吁和舆论的支持,为这场博弈带来了转机。

以绿家园志愿者、自然之友、绿色流域等为代表的中国环保组织,面对怒江将要因水电开发而遭受破坏一事,进行了集中的抗争,包括 2003 年 11 月在"第三届中美环境论坛"上的呼吁,以及 2003 年 11 月泰国"世界河流与人民反坝会议"上 60 多个国家 NGO 以大会的名义联合为保护怒江签名并递交给联合国教科文组织等。2004 年,国务院总理温家宝批示:"对这类引起社会高度关注,且有环保方面不同意见的大型水电工程,应慎重研究,科学决策。"NGO 这一系列活动,终于赢得了国家对怒江水电开发的搁置。

怒江事件中,中国环保 NGO 第一次协同行动和集体亮相,并得到了政府内开明官员的呼应,实现了自己的诉求。但在这个阶段,这样的交流缺乏决策参与的制度支持,政府论证和舆论呼吁基本上仍在两线进行。

2004 年 4 月,中国政府发布了"国务院关于印发全面推进依法行政实施纲要的通知"(国发[2004]10 号),从国家政策的层面强调在 10 年之内,基本实现法治政府的建设,其目标包括建立"科学化、民主化、规范化的行政决策机制","政府提供的信息全面、准确、及时"。环保总局的副局长潘岳表达对环境事务公众参与的支持(潘岳,2004)。

案例1　圆明园东湖湖底防渗工程环评研证会

2005 年 3 月,在北京市圆明园发生建设方违规铺防渗膜的事件,引发了公众的广泛关注(王锡锌,2008)。环保总局准备组织听证会,征求各方意见。这是自 2002 年环境影响评价法实施以来的第一起环评听证会。4 月 13 日,圆明园防渗事件听证会在原国家环保总局 2 楼多功能厅举行,人民网和新华网同时进行了网上直播,来自社会各界的 120 人及 50 家媒体参与了听证。自然之友的时任总干事薛野参加了该听证会,他出示了自然之友观鸟组自 2003 年以来对圆明园生态进行的跟踪观察报告和照片,有力说明了湖底铺膜对生态有着破坏性影响。7 月 5 日,国家环保总局要求圆明园东部湖底防渗工程必须进行全面整改。

这个案例是中国公众参与环境保护的一个新的突破。从形式上看,是执政者自上而下主动启动法定程序来引导公众参与决策,和怒江事件、金丝猴保护事件中环保组织、政府部门各自为战相比,有规范化的讨论、参与形式,以及制度化的决策流程;同时,会议还进行了网络在线的直播,该项目的环境影响报告书,在最终批准之前被放在互联网上全本公开,一定程度上实现了行政决策的透明化。

圆明园的防渗膜事件暂告一段落,然而,并不是所有人都同样认可这一系列政府主导下的公众参与实践。光明日报记者、达尔问自然求知社创始理事冯永锋认为政府以非常强势的面貌出现,压缩了公众参与的空间,恰恰不利于公众参与,听证会对项目的推进和环评制度的推进都没有形成有效的影响。

圆明园事件之后,环保总局趁热打铁,在 2006 年推出了我国环保领域第一部有关公众参与的规范性文件——《环境影响评价公众参与暂行办法》。该办法公布后至 2007 年 4 月,环保总局刮起了"环保风暴","先后对投资额达 1600 亿元的 43 个项目的环评文件没有受理,确保公众参与环评工作落到实处"(中华人民共和国环境保护部,2007)。然而环保总局的规范并没有真正使公众参与到环评决策当中。环评对项目进展的影响也非常有限。中国人民大学环境学院常务副院长马中在 2011 年接受媒体记者采访时也曾表示,"在中国,项目环评的通过率已经高到了令人吃惊的程度。中国目前的基本建设项目环评通过率达到了 99%。"(张木早,2011)以 2010 年 6 月 23 日,环境保护部发布 2009 年度环评机构抽查情况通报为例,75 家被抽查的环评机构中,30 家出现质量或管理问题,比例高达 4 成;282 份被抽查的环评报告书(表),48 份被认定为"质量较差",所占比例约为 17%;40 名环境影响评价人员被点名批评。

人力紧张和预算不足,经常成为地方环保部门抵触公众深入和广泛参与环评过程的重要原因。而这种对效率的担心背后,则是实际执法和监管部门对公众参与的有效性和合理性的怀疑,亦是对普通大众公民意识和受教育水平的怀疑。在南京大学 2010 年的一次关于排污许可证制度立法的咨询会议上,一位参与制定政策的专家表示,目前中国公众受教育程度太低,专业知识不足,难以有效地针对公共决策提出建议。

针对这种保守的执政态度和公众参与现状,王社坤(2012)是这么描述的,"很多经济决策中的公众参与基本上处在'事后参与'、'被动参与'的初级状态。""我国政府官员的'牧羊人'思维仍然非常严重,总是以为老百姓的'觉悟'不高,总是想要为老百姓包办所有的事。"

(3) 环境司法救济两条线索的错位——"一个巴掌拍不响"的遗憾

环境保护公众参与,是一项对政府、民间组织和社会基础都有要求的事业,这些条件在同一事件上同时具备时,环境保护公众参与才能奏效。圆明园防渗膜事件是一次幸运的成功组合,更多时候,中国环境公众参与实践出现的是一种令人尴尬的"错配"状况。中国幅员辽阔,各地政治、经济和社会条件发展不均衡,经常出现公众有参与热情、社会有条件支持的地方和领域,政府却相对保守;或者政府相对开明,有创新意图的地方和领域,环境问题和事件却并不多见的情况,导致环境公众参与在部分地方出现"雷声大,雨点小"——有政策或者有行动尝试,但没成果的窘境。而这种"错配",在环境权益救济的领域尤为明显。

中国政法大学环境资源法研究和服务中心,又称"污染受害者法律帮助中心"于1998年10月正式成立,是一家专门为污染受害者提供环境权益法律救济的民间环境保护机构。该中心的成员全部都是环境法律专业人员,工作重点明确,只针对环境法律服务。到2010年,该中心已帮助140多起污染案件的受害者向法院提起诉讼,受益人数多达60 000多人,回答投诉咨询电话12 000多个,接待来访600多人次,回复咨询信件500多封(郑荣昌,2010)。

然而,环境权益的救济之路却充满荆棘。主任王灿发此前在接受记者采访时说,"环境纠纷的被告往往是能够给当地创造税收的企业。既然如此,就会受到当地政府或暗或明的保护。"很多时候,法院根本不给立案。有的连不立案的裁定书都不给,受害人也就无法上诉(郑荣昌,2010)。

相比之下,2007年开始,在中国无锡、贵阳和云南一些地市试行的环保法庭,则有着相对积极的态度。目前贵州、云南、江苏、江西、福建、海南等十余省的部分高级人民法院、中级人民法院和基层人民法院中,已经先后设立了几十个专门的环保法庭(中华环保联合会,美国自然资源保护委员会,2011)。然而环境污染最严重、最需要环保法庭的地方没有设立这样的法庭。

这种错配的负面影响是双向的,"被寄予很大期望的环保法庭自成立以来,与理想中的预期反差巨大,环保法庭遭遇无案可审、案子较少、门庭冷落和'等米下锅'的尴尬。"(童克难,2011)

中国环境公益诉讼在地方法院上的试点,制度设计上的核心是允许与案件没有直接利害关系的相关方针对环境污染者和破坏者发起诉讼,起诉方包括来自民间的环保组织,因此它成为了民间力量寄予厚望的司法保障下的公众参与途径。

但从2007年到2010年,民间组织提起的环境公益诉讼成功立案,均是由环保部批准成立的中华环保联合会发起和参与的,大部分民间自发的环保组织的参与有限。这背后的原因中,少不了"错配"因素——有环保法庭的地方,环境破坏事件较少;有环境破坏事件的地方,很多没有环保组织;有环保组织的地方,大多没有环保法庭。这个错配怪圈筑成了环境公益诉讼领域的桎梏。

（4）21 世纪的环保民间组织：新社会，新角色

中国市场经济近 20 年来的发展，除了创造惊人的 GDP 发展外，也在这个国家孕育了一批具有独立精神、行动影响力或资源动员力的社会精英。这批社会精英为民间环境保护带来了新的影响。

阿拉善 SEE 生态协会成立于 2004 年 6 月 5 日，是由中国近百名企业家发起成立的民间非营利环境保护组织，致力于内蒙古阿拉善荒漠地区的生态改善，并推动中国企业家承担更多的环境责任和社会责任（SEE 基金会，2012）。该协会后来于 2008 年发起成立 SEE 基金会，成为资助中国本土环境保护行动的重要力量。SEE 的成立标志着一部分中国企业家环境意识的集体觉醒。

阿拉善 SEE 生态协会和 SEE 基金会，在八年的时间里，举办过四届民间自发的环境生态奖评选，奖励了一大批环境保护的民间力量。SEE 基金会以项目资助的形式，受理民间环保行动的资助申请并予以支持，2010 年一年，SEE 基金会的资助支出达 1526 万元（SEE 基金会，2012）。

SEE 目前的资助目标是推动中国民间环保的行业发展。"2008 年美国环保 NGO 共有约 2 万家，全行业年均资金投入为 64.6 亿美元，专职从业人员不少于 10 万人，较为稳定的志愿者超过 70 万人。中国的民间环保组织只有 508 家（含未注册）；来自中国本土的环保公益捐赠估计每年不足 5000 万元；从业总人数最多不超过 2000 人，30％ 的机构无专职人员。"（SEE 基金会，2012）

作为世界上最有经济实力的两大国家，中国和美国在民间社会成长上的差距是明显的，这差距背后除了民间自我觉醒的局限，市场主流力量对民间社会支持的不足也是重要原因。

2006 年，马军发起成立了公众环境研究中心，他原本是一位曾任职咨询公司的环境专家，他将高效、专业的管理风格也带到了他所成立的机构。成立的这六年间，该中心一共出具过 15 份专业报告。与以往的公众参与环保主要针对政府决策不同，公众环境研究中心更加注重通过环境信息公开的手段，来影响公众、消费者对企业的认识，从而促成企业的自主改变来减少污染。在这方面最有影响的两个项目分别是 2006 年建立起来的水污染地图和 2007 年发起的绿色选择联盟。

2007 年，中国政府颁布了《政府信息公开条例》，环保部颁布了《环境信息公开办法（试行）》，第一次系统地规定了环境信息公开的要求，这两部行政立法都在 2008 年 5 月 1 日开始正式生效。从制度上为环境信息公开提供了支持。

在水污染地图的数据基础上，公众环境研究中心又和自然之友等其他数家环保组织在 2007 年启动了"绿色选择联盟"，该联盟截止发布最近一期报告《为时尚清污》（公众环境研究中心等，2012）时，已经有 41 家联合机构参与。"在公众能够获得这个信息的基础上，再去探索如何让公众更有效地运用这些信息，因为信息本身也不能制止污染，必须要有人去运用它。"最有影响力的信息使用，莫过于 2011

年在 IT 品牌供应商绿色选择调研过程中,针对苹果供应链污染的调查和披露(公众环境研究中心等,2011)了。绿色选择联盟通过调查并披露苹果供应商环境问题,促成了苹果一定程度披露了其供应商的问题,并主动寻求解决(Xie Xiaoping,2011)。

SEE 协会的出现和绿色选择联盟的崛起,代表着人文知识分子之外的社会群体,开始认可通过完全民间和非营利的途径来推进环境保护。觉醒的企业家,通过他们的资助来改变民间环保的格局;而专业的咨询人员,则采用供应链管理建立品牌、消费者和污染事实的联系,通过市场压力来影响企业行为。伴随着市场经济在中国力量的日趋强大,除了趋利的冲动可能带来的巨大破坏之外,企业家寻求社会责任的担当和对消费者意见的重视都带来了环境保护公众参与新的可能。

(5)新媒体时代公民运动的萌发

这类实践出现于 21 世纪第一个十年的后半段,是教育和经济发展水平达到一定程度后,在现代信息技术的支持下逐步呈现出来的参与形式。在这种形式下的公共决策影响,大多从直接利益相关者发起,为了维护环境权益而行动。

2007 年,最为公众所关注的环保事件是在厦门发生的 PX(二甲苯,para-xy-lene)项目事件。在这个事件中,发挥主导作用的不是环境民间组织,而是由互联网、手机等现代化通信工具集中起来的普通公众,他们自发地进行了有力的呼吁和表达。2007 年 6 月 1 日,在手机短信和互联网即时通信工具的"组织"下,数千名厦门市民走上了街头,以"集体散步"的名义进行游行,表达反对在厦门建设 PX 化工项目的心愿。2007 年 12 月 13 日和 14 日,厦门市政府开启了公众参与最重要的环节——公民座谈会。超 85%的代表反对 PX 项目继续兴建。2007 年 12 月 16 日,福建省政府顺应民意,召开专项会议,决定迁建该项目。

从事件发展来看,政府态度从不公开、不透明、不妥协,到中间的保持一定程度的克制,到后期召开听证会听取民意,经历了一个难得的转变;民众从对项目一无所知,到对相关环境知识的了解,到勇于表达自己的意见,到最后愿意在制度内进行对话,经历了一次公民教育的洗礼。在这个过程中,环境信息得以披露,决策参与得以保障,最终的环境权益避免了损害。

21 世纪第一个十年的后半段,互联网自媒体的兴起为中国的非组织化公众提供了一个自组织自行动的平台,微博的兴起更是将这个平台推到了新的高度。

尽管基于微博兴起而带动的环保行动也如雨后春笋般涌现出来,但是微博的兴起并不能解决一切。公民对环境议题的自由评论和自由发布并不直接等于环境公众参与的"美丽新世界",这种新的技术平台给线下的志愿者和身受多重限制的环保组织,提出了更高的要求。

环境保护公众参与正在逐步发展为整个社会的协同行动。进入 2010、2011 年,公众的生活经验和美国使馆对北京空气中主要污染物之一的 PM 2.5 的监测数据都表明北京的空气质量在逐渐恶化,然而北京环保局公布的"蓝天指数"官方数据却与人们的切身经验和美国使馆的数据背离[①]。于是,一些社会知名人士,通过微博来传播美国使馆的数据,并在微博中讨论政府尽快依照与国际接轨的空气污染监测标准对北京的空气质量进行监测,并将监测的数据实时向公众公开。然而政府的反应令人失望[②]。

在这样的质疑下,环保组织达尔问自然求知社在 2011 年开展了一个公民自测北京空气污染的项目,志愿者拿起便携式空气质量检测仪(主要是监测 PM2.5)在城市的各个角落进行自测。在达尔问自然求知社的带动下,公民自测空气污染的行动在更多城市展开,这成为 2011 年最有影响力的公众参与事件。

民间组织实践,意见领袖呼吁,公众发声,国际经验引领,时至此刻,政府部门面临更大政策改变的压力。2011 年 12 月 26 日,环保部在 2012 年全国环境工作会议上确定了空气监测的时间表,即 2012 年在京津冀、长三角、珠三角等重点区域以及直辖市和省会城市开展 PM 2.5 和臭氧(O_3)的监测。最终这个分期监测的方案于 2012 年 3 月 1 日获得了国务院的批准通过。公众关心程度最高的北京、上海和广州等大城市的空气质量 PM 2.5 监测和公布,也在 2012 年正式启动。

三、政策建议

过去 20 年间,民间组织行动、开明执政引导和公众行动这三条路径基本代表了中国社会整体推动公众参与的积极力量。这三条线索有时互相促进,互利共赢,但在绝大多数时候,相对独立,缺乏联系和互动。如何让这三类进步力量在推动环境公众参与的大议题下更好地协调配合,是积极推动中国经济发展的绿色转型要解决的重要问题。基于以上的分析,我们提出以下政策建议:

① 建议取消"社会团体"和"民办非企业单位"区别管理的制度,建立统一的"社会组织"管理制度。降低注册门槛,放开募捐资质、会员发展等方面的限制,促进中国民间社会组织在量和质上实现快速发展。

② 加强信息公开立法,进一步扩大环境信息公开范围。虽然《政府信息公开条例》和《环境信息公开办法(试行)》推动了环境信息的公开,但仍有多部规范性文件限制了公开的范围和方式,因而,信息公开应当在更高层次的立法上予以协调解决。

---

① 2009 年 5 月 31 日到 2010 年 6 月 1 日,北京市民卢广薇和范涛用一年的时间,踏遍大街小巷,每天为北京的天空拍一张照片,集成《北京蓝天视觉日记》。根据他们的照片纪录,北京一共有 180 个蓝天,比环保部门的数据少 100 多天。

② 在社会舆论的影响下,环保部于 2011 年 11 月公布了《环境空气质量标准》(二次征求意见稿)。意见稿中加入了 PM 2.5 的监测项目,但却显示实施日期为 2016 年 1 月 1 日。公众对这样的时间表一片质疑。

③ 加快环境公益诉讼的制度建设,完善配套支持,建立环境公益诉讼基金。环境公益诉讼是通过发动民间自生力量,在制度框架下有效解决环境纠纷和环境权益救济的重要手段,但目前《民事诉讼法》的规定仍显笼统,而且整体上缺乏配套政策和经费。

④ 改善环境司法"不立案"的不良局面。环境纠纷频发已是不争的事实,不允许矛盾进入制度化的合法救济渠道,只会促成更多矛盾的激化,而且有悖于法律的尊严和法院的公信力,长此以往将使司法救济失信于民。

四、小结

可持续发展领域的公众参与在中国过去 20 年从无到有,从小到大。中国环境面临的现实挑战正在要求深入、有效的公众参与。

过去的 20 年间,中国的经济发展,已经为公众参与工作的开展提供了越来越多值得关注的环境议题和有行动影响力的公民;同时互联网技术的进步,为这批公民发挥他们积极的影响提供了条件;专业环境机构的发展,为他们实现了在议题专业和实践上的补充和引领。如今需要的,只是环境信息的进一步公开,参与途径的进一步拓宽和给予社会组织成长更宽松的环境。

中国公民仍然每天面临着各种类型的环境危机和挑战,同时中国的公民社会正经受着重重历练,成长和发育起来。各级政府也在每次参与中学习积累,转变角色。可持续的发展,必须是所有利益相关方参与下的发展,必须是公众意见得到表达和珍视的发展,必须是决策透明互相信任的发展,中国经济的绿色转型,需要有效、公开、透明的决策过程,而公众参与是实现这样决策模式的基本机制保障。

常成　自然之友公众参与专员,宾夕法尼亚大学硕士,2011 年 SEE-TNC 生态奖获得者。

参考文献

1. 迟福林. 非典危机中的改革契机. (2003-06-04)[2012-04-26]http://www.china.com.cn/chinese/OP-c/340639.htm.

2. 冯洁,吕宗恕. 我为祖国测空气. (2011-10-28)[2012-04-26]http://www.infzm.com/content/64281.

3. 公众环境研究中心,自然之友. 达尔问自然求知社,环友科技. 南京绿石. 为时尚清污——纺织品牌供应链在华调查报告. (2012-04-09)[2012-04-26] www.ipe.org.cn/Upload/IPE%20report/Report-Textiles-One-CH.pdf.

4. 公众环境研究中心，自然之友. 达尔问自然求知社，苹果的另一面——IT 行业重金属污染调查报告（第四期），(2011-01-18)［2012-04-26］www. ipe. org. cn //Upload /IPE％ E6％ 8A％ A5％ E5％ 91％ 8A /％ E8％ 8B％ B9％ E6％ 9E％ 9C％ E7％ 9A％ 84％ E5％ 8F％ A6％ E4％ B8％ 80％ E9％ 9D％ A2_Draft＋Final_20110118-3. pdf.

5. 公众环境研究中心，自然之友. 达尔问自然求知社，环友科技. 南京绿石. 苹果的另一面 2：污染在黑幕下蔓延——IT 行业重金属污染调查报告（第五期）. (2011-08-31)［2012-04-26］www. ipe. org. cn //Upload /Report-IT-V-Apple-II-CH. pdf.

6. 环保部. 关于 2009 年度环境影响评价机构抽查情况的通报. 环办［2010］90 号文. (2010-06-23)http：//www. mep. gov. cn /gkml /hbb /bgt /201006 /t20100623_191279. htm.

7. 潘岳. 环境保护与公众参与——在科学发展观世界环境名人报告会上的演讲. (2004-06-01)［2012-04］http：//www. mep. gov. cn /gkml /hbb /qt /200910 /t20091030_180620. htm.

8. SEE 基金会. SEE 是谁.［2012-04-26］http：//www. see. org. cn /see /whoaml. aspx.

9. 童克难. 环保法庭等米下锅 环境司法专门化路在何方. (2011-06-20)［2012-04-26］. http：//www. chinanews. com /ny /2011 /06-20 /3123305. shtml.

10. 王社坤. 2012. 大连 PX 项目事件：关注环境保护综合决策的法律保障. //杨东平. 中国环境发展报告 2012. 北京：社会科学文献出版社，67-62.

11. 王锡锌主编. 2008. 行政过程中公众参与的制度实践. 北京：中国法制出版社.

12. 污染受害者法律帮助中心. 中国政法大学环境资源法研究和服务中心——中心简介.［2012-04-26］http：//www. clapv. org /about /index. asp.

13. 胥晓莺. 中国 NGO 与政府的结盟. (2005-11-05)［2012-04-26］http：//www. ngocn. net /? action-viewnews-itemid-895.

14. 杨欣. 2005. 亲历可可西里 10 年：志愿者讲述. 第 1 版. 北京：生活. 读书. 新知三联书店.

15. 张木早，2011. 我国环评体制存三大缺陷. 中国化工报. http：//www. ccin. com. cn / ccin /news /2011 /11 /09 /207125. shtml.

16. 郑荣昌. 2010. 王灿发，堂吉诃德式的环保律师. 法律与生活，9：33-35.

17. 中华人民共和国中央人民政府. 国务院关于印发全面推进依法行政实施纲要的通知（国发［2004］10 号）(2006-08-31)［2012-04-26］http：//www. gov. cn /ztzl /yfxz /content_374160. htm.

18. 中华人民共和国环境保护部. 环保总局先后拒绝受理 43 个不符合公众参与要求项目，潘岳提出以听取民意吸纳民智消除环境隐患 (2007-04-26)［2012-04-26］http：//panyue. mep. gov. cn /zyhd /200907 /t20090708_154415. htm.

19. 中华环保联合会，美国自然资源保护委员会. 2011. 通过司法手段推进环境保护——环保法庭与环境公益诉讼：现状、问题与建议. 北京：［出版者不详］.

20. 自然之友. 自然之友简介［2012-04-26］http：//www. fon. org. cn /channal. php? cid＝2.

21. United Nations Development Programme, United Nations Environment Programme, The World Bank, World Resources Institute. World Resources 2005—The Wealth of the Poor：Managing Ecosystems to Fight Poverty, September, 2005. UNEP, 2012, Rio Declaration on Environment and Development［2012-04-26］. http：//www. unep. org /Documents. Multilingual /

Default. asp? documentid = 78 & articleid = 1163.

12. Xie Xiaoping. Apple wakes up to Chinese pollution concerns-A Chinese-led campaign to clean up Apple's supply chain is finally gaining traction, (2011-10-04) [2012-04-26] http: //www. guardian. co. uk /environment /2011 /oct /04 /apple-chinese-pollution-concerns.

第十七章 国家能力建设和国际合作
——制度改革是关键

摘要

　　推进中国经济的绿色转型是长期实施可持续发展战略的重要步骤,而在此过程中,以善治为核心目标的国家能力建设和以共赢为原则的国际合作不但是实施可持续发展的核心要素,也是推进中国经济绿色转型要满足的基本条件。简单来说,如果没有有效的国家能力建设和国际合作,中国的绿色经济转型几乎无法实现。虽然过去二十年,为适应全球可持续发展的呼声和要求,在国家能力建设上,中国不断加强和提升,提出了适合中国国情的可持续发展的战略、目标和行动方案;在国际合作方面,中国政府更加开放和务实,在参与国际环境保护、应对气候变化和可持续发展的国际谈判方面,中国积极与发展中国家团结和磋商,与发达国家据理力争,采用有区别的责任机制开展谈判。中国政府与国际组织、国际非政府组织合作,促进了国家能力建设;提升了应对农业、经济、金融、能源、气候和环境等方面挑战的能力。然而,中国仍面临着国家治理层面上的诸多挑战:政治体制改革的障碍、政府机构的整合效率、法律规范体系的弱点、发展模式的比较能力、企业竞争力的弱势、社会监督和公众参与的不足以及民间环保组织的发展困境等;这些因素影响着中国经济绿色转型的进程。

　　面对中国在国家能力建设和国际合作上的挑战,特提出六点政策建议:① 加快政治改革的速度;② 落实顶层设计的协调一致,解决部门所有制和地方利益导向的难题;③ 完善法律和法规体系,依法治理;④ 引导企业增加科学研究的投入,监督与推动企业履行社会责任;⑤ 加快民间组织的整体发展和提升,促进民间组织专业化;⑥ 利用国际交流和合作机制,推动中国可持续发展目标的实现。

大事记

- 1992 年,中国环境与发展国际合作委员会(以下简称国合会)成立,这个非营利国际性咨询机构旨在交流、传播国际环境发展领域内的成功经验,向决策者提供前瞻性、战略性、预警性的可持续发展战略和政策建议。

- 1992 年 6 月 3—14 日,联合国环境与发展会议在巴西里约热内卢召开。中国政府在会上阐述了关于加强国际合作和促进世界环境与发展事业的立场与方法。

- 1992 年 7 月 2 日,国务院环境保护委员会在第 23 次会议上决定编制《中国 21 世纪议程——中国 21 世纪人口、环境与发展白皮书》,并于 1994 年 3 月 25 日正式公布,其中包括 20 章,分设 78 个方案领域。

- 1996 年 3 月 5—17 日,在第八届全国人民代表大会(以下简称全国人大)通过了《中华人民共和国国民经济和社会发展"九五"计划和 2010 年远景目标纲要》,把实施可持续发展作为现代化建设的一项重大的战略进行了部署。

- 1998 年,国家环境保护局升格为国家环境保护总局。在 2008 年,根据第十一届全国人大第一次会议批准的国务院机构改革方案和《国务院关于机构设置的通知》,设立为中华人民共和国环境保护部,为国务院组成部门,负责拟订、实施和监管环境保护法律和政策等。

- 1998 年 5 月 29 日,中国签署了《联合国气候变化框架公约》。

- 2007 年 6 月,国务院成立国家应对气候变化及节能减排工作领导小组。研究制订国家应对气候变化的重大战略、方针和对策,统一部署应对气候变化工作,研究审议国际合作和谈判对案,协调解决应对气候变化工作中的重大问题 。

- 2011 年 12 月 5 日,国家应对气候变化战略研究和国际合作中心在南非德班联合国气候变化大会宣布成立,作为国家发展和改革委员会直属事业单位,内设 7 个处级机构,是中国应对气候变化领域国家战略研究机构和国际合作交流窗口。

一、国家能力建设

（1）重大战略发展和决策

我国的重大战略发展和决策是由全国人民代表大会所决定的,每五年会制定发展规划,称之为五年计划。而中国的重大战略发展并不是政府直接提交给全国人大决策,每五年计划的建议书来自中国共产党全国代表大会(以下简称党代会),因此,不同的建议和决策需要由党代会来确定。

1992 年 7 月 2 日,国务院环境保护委员会决定编制《中国 21 世纪议程——中国 21 世纪人口、环境与发展白皮书》(国务院环境委员会,1994),它是我国制定国民经济和社会发展中长期计划的一个指导性文件,明确了可持续发展与五年计划的关系,并在"九五"计划和 2010 年规划的制定中,被作为重要的目标和内容。

2009 年 8 月 27 日,《全国人大常委会关于积极应对气候变化的决议》发布(中国网,2009),这是中国政府首次就应对气候变化做出决议,要求把积极应对气候变化作为实现可持续发展的长期任务纳入国民经济和社会发展规划,提出 2020 年比 2005 年碳强度降低 40%～45%。

我们可以看到,我国不同时期的发展重点和战略建议来自中共中央的党代会,提交到全国人大通过,并以法律的方式确定,由中国政府提出行动方案具体实施。这种决策的程序,从中央到地方基本一致,而国家政府各部门、企业和社会组织都是决策过程中的成员,尤其是高层领导能够听取专家和学者的建议和意见。然而就可持续发展的战略决策过程,是否形成共同治理机制,发挥各个部门的优势,目前很难有定量的分析体系作出判断。

（2）顶层设计能力,包括国家机构设置、政策制定和实施

顶层设计的基本概念来源于建筑学,但是随着各学科之间的不断交叉和互用,顶层设计的思想已经应用于经济学、管理学、工程学和艺术学等学科,部分学者在 2005 年提出顶层设计与可持续发展战略之间的关系。可持续发展是指导我国中长期发展的重大战略(池天河,2005),可持续发展与信息化已成为中国目前的社会发展主流,信息的共享是实现可持续发展和信息化的重要基础。然而,这一点恰恰是我国以往工作的薄弱环节。通过两个五年计划的实施,已经初步形成了从顶层设计、规范标准研制、信息资源改造、共享软件开发和综合分析的国家级信息共享成套技术,为国家可持续发展战略实施提供了决策支持。

可持续发展战略管理就是顶层设计的根本。二十多年来,中国政府高度重视

可持续发展的战略设计和方案。从负责环境保护事务的政府机构变迁的视角看,经历了一个不断改革和不断实践的过程。

1973 年中央人民政府成立了国务院环保领导小组办公室;1982 年机构改革,成为城乡建设环保部下面的一个局;1984 年,改称国家环境保护局,是建设部的一个局;1987 年,国家环保局独立出来,直属国务院,是个副部级单位;1998 年,改称国家环境保护总局,升为正部级;2008 年,更名环保部。36 年来,中国的环境保护工作从一个办公室到一个正式部委,是政府对环保问题的认识不断深化的过程。中国政府的机构顶层设计也经历了一个从部门管理逐步朝着公共治理的方向不断提升和发展的过程。

客观上讲,我国的可持续发展战略的管理部门还比较复杂,存在着管理领域分散,不够集中的问题,这项工作分散在中央政府的不同部门;政出多门,部门太复杂;难于协调,不适应发展需求;而且相关部门都是部委级单位,部门之间的协调难度大,不能满足经济和社会发展的需求;体制的限制已经成为瓶颈;在发展模式上又互相推诿和指责,部门之间没有形成合力,政策实施难度越来越大,体制已经成为阻碍可持续发展战略实施的最大障碍。

(3) 国家环境保护法律法规的制定和实施

我国的环境保护法律法规体系比较复杂,有宪法、环境保护综合法律、单项法律、行政法规、部门规章、环境保护标准、地方性法规与规章以及参与缔结与签署的环境保护方面的国际公约。在里约峰会之前,我国政府制定了与环境保护相关的法律;从 1992 年里约峰会之后,我国政府高度重视环境保护方面的立法工作,其法律内容在不断完善和更新之中。在这 20 年间,我国政府新制定和修订的法律多达22 部,其中新制定的与环境保护直接相关的法律有 10 部,还有 12 部法律做出了修订和更新,同时废除了一部法律。

《中华人民共和国宪法》(郭媛丹,2008)2004 年版本中第九、十、二十六条明确了关于环境保护的规定,这是制定各种环境保护法律和标准的基础。按照法律的功能细分,中国环境法律、法规体系可划分为五大类:综合性环境保护法 2 部;环境污染与防治类的法律 6 部;环境资源保护方面的法律 11 部;环境管理和资源再利用方面的法律 3 部;还有一些环境条例、标准与环境责任和程序方面的规定。

中国将国家环境法与地方环境法的权限规定为:国家环境法的权限高于地方性环境法的权限,法律高于行政法规,行政法规高于行政规章,即上一层次的权限高于下一层次的权限。中国参加和批准的国际环境法的效力高于国内环境法的效力,特别法的效力高于普通法的效力,新法的效力高于旧法的效力。其中的例外唯有：严于国家污染物排放标准的地方污染物排放标准的效力高于国家污染物排放标准。根据环境法体系中这种不同层次法律、法规的效力关系,在具体运用环境法时,应当首先运用层次较高的环境法律、法规,然后是环保规章,最后才是其他环境保护规范性文件。

环境保护的法律体系是中国立法体系中的重要组成部分。环境保护是中国国民经济和社会发展的有机组成部分。但是,尽管现阶段中国环境保护法律已经很健全,但在实际操作过程中,这些法律法规却缺乏法律效力。而且在实施过程中,部门之间缺乏统一协调,环境保护事业所需要的资金难以落实,尤其是不能够落实到具体的操作层面;重要的工程项目缺乏有效的实施监管机制,中央与地方之间的利益分配机制没能落实;重点工程和与老百姓环境相关的项目依然缺乏公众参与机制等实质性的问题。

二、国际合作

随着全球化进程加快,实施可持续发展战略,迫切需要各国超越经济发展水平、政治、文化和意识形态等方面的差异,开展广泛而有效的国际合作。中国作为发展中大国,面对经济高速增长带来的日益加重的人口和环境压力,单纯依靠自身力量实现可持续发展目标尚有较大难度,有必要开发多层次、全方位的国际合作。

(1) 国际先进经验和教训的学习和应用

中国政府特别重视与国际社会在环境领域方面的国际交流与合作,为了更好地学习世界各国的经验,经国务院批准,于 1992 年 4 月成立国合会(严珊琴,1992)。该委员会是非官方的高级咨询机构,委员全部为来自国内外的知名环境专家学者与富有管理环境经验的企业界人士。国合会作为一个国际合作机构(宋健,2011),有力地促进了中国环境的发展进程,对能源战略和技术、污染控制和监测及信息收集、科学研究技术开发和培训、资源核算、环境经济和价格政策、保护生物多样性等专题,由知识丰富的专家学者领衔,从系统科学的全局来设计政策,超越了单纯补救性环保对策的局限,使中国较早地把环境保护纳入到发展进程之中,极大地增强了环境保护在国家发展进程中的话语权,缩短了中国探索环境与协调发展的时间。

中国政府通过国际交流与合作,不断改善可持续发展战略,主要在三方面作出了调整;第一,通过法律,规范地方政府实施可持续发展战略的权利和义务;第二,推行"绿色国内生产总值"考核体系,即建立适合中国国情的可持续发展指标体系,将现行国内生产总值指标扣除因环境污染、自然资源环境存量消耗和生态退化造成的损失;第三,将实施可持续发展的评价指标纳入地方的经济核算和政府官员的政绩考核。

针对公众的环境意识和公众参与决策,调整政府决策,以保证政府决策反映人民群众的意愿,使公众在可持续发展问题上,能与中央政府同舟共济。同时,为了调动公众参与实施可持续发展战略,中国政府首先将环境保护纳入教育体系,包括职业教育体系和义务教育体系。其次,还重视了非政府组织的作用,调动了公众的参与意识。中央政府积极借鉴一些西方国家的环境问题圆桌会议制度,建立具有中国特色的类似机制,吸收非政府组织的代表参与环境决策和监督环境执法。

(2)积极参与国际环境保护和气候变化以及可持续发展的国际谈判

1992年,联合国环境与发展大会在巴西里约热内卢召开。这是继1972年6月瑞典斯德哥尔摩联合国人类环境会议之后,环境与发展领域中规模最大、级别最高的一次国际会议。出席大会的中国政府代表团签署了《里约宣言》、《21世纪议程》等文件,向国际社会表明了中国政府积极推进可持续发展的立场。里约会议以后,中国制定了《中国21世纪议程——中国21世纪人口、环境与发展白皮书》,将可持续发展战略作为实现现代化的一项重大战略。

1992年5月22日,联合国政府间谈判委员会就气候变化问题达成《联合国气候变化框架公约》,并于1992年6月4日在巴西里约热内卢举行的联合国环境与发展大会(地球首脑会议)上通过。这个公约是世界上第一个为全面控制二氧化碳等温室气体排放,以应对全球气候变暖给人类经济和社会带来不利影响的国际公约,也是国际社会在应对全球气候变化问题上进行国际合作的一个基本框架。

1997年召开了第十九届联合国大会特别会议,评估里约大会五年来执行《21世纪议程》的进展,宋健率团出席,并向大会提交了《中国可持续发展国家报告》。

1997年12月11日,第三次缔约方大会在日本京都召开。149个国家和地区的代表通过了《京都议定书》,它规定从2008到2012年期间,主要工业发达国家的温室气体排放量要在1990年的基础上平均减少5.2%,

2008年7月8日,八国集团领导人在八国集团首脑会议上就温室气体长期减排目标达成一致。八国寻求与《联合国气候变化框架公约》其他缔约国共同实现到2050年将全球温室气体排放量减少至少一半的长期目标,并在公约相关谈判中与这些国家讨论并通过这一目标。

2010年12月在坎昆大会高级别会议开始后,中国代表团团长、国家发改委副主任解振华与其他发展中大国以及美国、欧盟等的代表举行会谈,就资金支持、技术转让、适应、森林保护以及发展中国家能力建设等基本问题达成一定共识。

2011年12月11日,经过近两周"马拉松式"的谈判,《联合国气候变化框架公约》第十七次缔约方会议暨《京都议定书》第七次缔约方会议在南非德班闭幕,大会通过决议,建立德班增强行动平台特设工作组,决定实施《京都议定书》第二承诺期并启动绿色气候基金。

纵观气候变化的国际谈判过程,从技术层面的问题已经上升到政治层面,中国在很大程度上成为焦点,受到来自各方的谈判压力日益增大。

发达国家认为中国够发达,已经超过中东欧一些国家的发达程度,应该纳入强制减排范围,为其他发展中国家提供一定资金支持。欠发达国家和小岛国集团也呼吁中国等发展中大国做出排放承诺。承诺按照国内生产总值单位减排是重要的,但更重要的是如果中国经济在下个十年按着目前相同的增长率发展,其温室气体排放的绝对量依然会大幅增加,而如果按照全球平均气温上升幅度不超过2℃的目标,这一时期全球碳排放的绝对量应该进入下降的趋势中。

目前中国在气候变化谈判中的地位和立场受到各方关注,无论是发达国家,还是发展中国家,双方各自的需求和目标是不一致的,但对中国来讲,既要考虑与发展中国家的利益,又要考虑与发达国家的合作,中国所承受的压力将不断增加。

(3) 提供双向交流、技术援助、资金支持

中国政府在开展可持续发展领域的国际合作主要体现在以下六个方面:第一,利用世界银行和亚洲开发银行的软贷款和硬贷款支持中国环境设备的改善和技术改造。自1999年世界银行和亚洲开发银行停止了向中国提供软贷款,但是目前中国政府依然接受世界银行和亚洲开发银行的硬贷款。第二,利用联合国开发计划署、联合国工业发展组织和联合国环境署的技术支持和合作,主要是技术层面的支持。例如,联合国开发计划署援助的环境保护项目从硬件到软件的转变,从技术支持到政策研究和重大政策的可行性研究等。第三,利用双边官方的发展援助中的技术支持和技术合作,例如,日本国际协力机构,德国国际合作机构(GIZ),还有英国国际发展合作机构(DIFD),加拿大国际发展机构(CIDA),澳大利亚国际援助机构(AusAid),瑞典国际发展机构(CIDA)等国际机构的支持。第四,专项环境基金的支持与合作,例如,全球环境基金(Global Environment Facility,简称GEF)的支持和援助。1989年,在国际货币基金和世界银行发展委员会年会上,法国提出建立一个全球性的基金用以鼓励发展中国家开展对全球有益的环境保护活动。此后25个国家达成共识,并于1990年11月建立了由世行、联合国开发计划署(UNDP)和联合国环境规划署(UNEP)共同管理的全球环境基金。1991年3月

31 日,21 个国家捐款约 1.4 亿美元作为三年(1991—1994 年)试运行期的运行资金。截至 2012 年 3 月底,全球环境基金已发展到 182 个成员国(Global Environment Facility,2011)。第五,区域援助机构的技术支持和合作。例如,欧盟的环境治理项目。第六,国际非政府组织的技术支持和合作。例如,世界自然保护联盟(IUCN)、世界自然基金会(WWF)、美国自然资源保护委员会(NRDC)、美国环保协会(EDF)、美国能源基金会(EF)、美国大自然保护协会(TNC)、德国全球自然保护基金和绿色和平等。

在开展环境领域国际交流和合作过程中,国际组织和非政府组织往往需要有配套资金确保项目的有效实施,为了解决这一难题,中国政府考虑建立健全可持续发展的费用与资金机制,其中关键是逐步建立《中国 21 世纪议程》发展基金,充分吸纳和有效利用国内外的多种资金。

首先,将国际资助资金作为基金种子,而政府投入是实施《中国 21 世纪议程》费用的主体,对其他多种渠道的资金投入起着导向、基础保证作用,应该在保证较高经济增长速度的前提下,适当追加。政府每年按国民生产总值的一定比例从国家财政中安排环保专项资金,开发银行每年单列一定数量的环保产业专项贷款,其他专业银行凡是向环保产业项目贷款的,国家给予贴息;设立环保产业发展基金,所筹资金通过环保投资公司进行资本运作,有技术优势、市场前景、资产运行良好的企业,可以通过发行企业债券或股票,进行市场融资。

其次,国家还按照"谁投资谁受益"的原则,通过制定与推行有利于可持续发展的财税制度和产业经济政策,促进企业自身增强可持续发展能力的投入,包括低税收优惠、强制性征收环境费、环境税、可持续发展物质荣誉奖励政策等,逐步形成"政府组织、部门牵头、企业出资"的新机制。

第三,通过宣传教育,鼓励中国其他社会社团组织、公民个人积极主动义务捐助。建立中国国内的环保基金会,例如,中华环境保护基金会。

最后,利用国际合作,与联合国、世界银行乃至一切国外友好组织、个人用于扶贫、环保、科教文卫等事业的赠款或优惠贷款相结合。在资金利用上,既厉行节约,又加强监督和控制,使发展基金切实利用到有助于消除和减轻人口、资源、环境形势中不可持续性的因素上,如帮助清洁工艺技术设备的研究、开发、组织和推广,帮助修建环境基础设施等。集中有限资金,进行重点保护和防治,以求迅速取得突破性进展。

在可持续发展领域的国际交流和合作,依然面临着以下四方面的问题:第一,国际组织对华的官方发展援助在逐渐减少和取消;例如英国和德国将相继取消对中国的发展援助。第二,国际合作的项目越来越难,在项目设计和项目管理方面,经常产生矛盾;第三,国内合作机构缺乏统一的安排,由于国际合作与外交部、商务部、财政部、环境部、发改委,与党中央的中联部等党和政府机构关系密切,难以统一对外和协调;第四,国际非政府组织的登记和在华的合法身份依然没有完全得到解决,部分国际非政府组织以企业的名义在华登记成为公司的代表处等。

三、政策建议

基于上述分析,我们首先提出在国家能力建设和国际合作方面的战略思考,然后从民间机构的视角给出政府提升国家能力建设和改善国际合作上的政策建议。

(1) 国家能力方面

过去二十年,中国国内改革开放力度进一步加大,可持续发展的政策环境逐渐改善。以下两个方面需要做出格外的努力:

① 积极推进可持续发展领域的研发合作。目前中国可持续发展领域的研发投入水平仍然较低,从事生态农业、节能、清洁生产以及其他环保领域研发的机构分散,大部分机构仅靠有限的政府财政资助维持,技术创新力量薄弱。政府要加强重点技术研发的财政支持,拓展政府部门、研发机构和生产企业之间的联系。

② 建立健全促进可持续发展的国内激励机制。政府已有的支持可持续发展的政策仍力度不够,各项政策之间缺乏衔接。因此政府应系统性地协调各种补贴、价格、税收、金融等政策措施,切实有效地为环境友好技术的研发和应用创造有利机制环境和条件。

(2) 国际合作方面

积极参与《京都议定书》确立的清洁发展机制,发达国家可通过对发展中国家进行项目资助完成其减排额度,中国积极争取了发达国家通过全球环境基金(GEF)的资金合作,扩大对中国的贷款规模,加深对中国项目的参与。尝试技术引进、合作开发、合资合营及建设-经营-转让(BOT),移交-经营-移交(TOT)等多种利用外资形式,加强与各国政府、国际组织和金融机构及国际非政府组织的合作。

(3) 民间组织视角的政策建议

① 加快政治改革的速度,确保中国可持续发展战略的实施。尤其是对发展模式的认识,对绿色经济的认识,只有政治共识解决了,才能够推动可持续发展理念深入人心。

② 落实顶层设计的协调一致,解决部门所有制和地方利益导向的难题。由于中国发展面临着贫困、社会稳定、社会公平等方面的挑战,因此面对顶层设计的问题和不可控因素不断增加,需要从战略和长远的视角提出结合中国国情的战略目标。

③ 完善法律和法规体系,真正实施依法治理。透明立法、民主立法,法律执行可操作,法律效果可衡量,真正保障法律的严肃和执行效果。

④ 引导企业增加科学研究的投入,监督和推动企业履行社会和环境责任。引导企业增加科学研究的投入是企业可持续发展的关键;而监督企业履行社会和环境责任是政府需要承担的重要任务之一。

⑤ 通过制定相关法律,加快民间组织的整体发展和提升。民间组织是实施可持续发展战略的重要组成部分之一,因此,促进民间组织的专业化,确定人才的社会地位和待遇,帮助环境保护民间组织的规范化,增加政府向民间组织购买服务的比例和机会,帮助环保民间组织的志愿行为和组织免税、登记和法律救济等办法,以推动环保民间组织的健康和可持续的发展。

⑥ 利用国际交流和合作机制,推动中国可持续发展。随着环境保护事业和可持续发展已上升到政治和外交层面,因此,中国环境和可持续发展的国际交流和合作面临着如何考虑发展中国家的基本利益,同时又需要与发达国家的紧密合作;中国政府需要利用民间合作机制,为我所用,以更加开放的姿态,提高中国对外合作的整体软实力。

四、小结

20 年来,中国政府在可持续发展的国家能力建设和国际交流与合作方面,成绩巨大。中国 21 世纪议程的落实,从政治、经济、法律、社会等方面得到了全面的推进。但是,中国目前面临的各种问题和挑战仍制约经济发展的绿色转型和长期的可持续发展,在政策、机制和综合治理方面,无论是中央政府还是地方政府,都需要一个漫长的实践和提升过程。在加强国家能力建设和促进有效的国际合作领域,政府、企业和社会组织等主要社会利益相关方的合作机制需要进一步拓展和增强。

黄浩明　致力于民间组织发展和战略研究,有 30 年促进国内外民间组织、政府部门及私营部门之间交流与合作的经验。现为中国国际民间组织合作促进会副理事长兼秘书长、研究员。

参考文献

1. 池天河. 加固决策的"薄弱环节". (2005-06-23)[2012-03-02]http：//www. stdaily. com/oldweb/gb/stdaily/2005—06/23/content_401440. htm

2. 国务院环境委员会. 1994. 中国 21 世纪议程——中国 21 世纪人口、环境与发展白皮书. 北京：中国环境科学出版社.

3. 郭媛丹. 环保总局拟改为环境部. (2008-03-07)[2012-03-15]http：//www. fawan. com/Article/ztbd/2008/03/07/16460048301. html.

4. 宋健. 中国的幸运——宋健在国合会成立 20 周年主题论坛上的特邀致辞(2011-11-18)[2012-04-02]http：//www. zhb. gov. cn/zhxx/hjyw/201111/t20111118_220262. htm.

5. 严珊琴. 1992. 中国环境与发展国际合作委员会在北京成立. 世界环境.

6. 中国网. 全国人大常委会关于积极应对气候变化的决议(2009-08-28)[2012-04-02] http：//www. china. com. cn/policy/txt/2009-08 /28/content_18416561_2. htm.

7. Global Environment Facility. What's GEF, [2012-04-03]http：//www. thegef. org/gef/whatisgef.